太陽大図鑑

著　者　クリストファー・クーパー
日本語版監修者　柴田一成
翻訳者　田村明子

緑書房

OUR SUN by Christopher Cooper
Copyright ©2013 by The Book Shop, Ltd.
Japanese translation ©2015 copyright by Midori-Shobo Co., Ltd.

Japanese translation rights arranged with Quayside Publishing Group, Inc., Minneapolis
through Tuttle-Mori Agency, Inc., Tokyo

Quayside Publishing Group 発行の OUR SUN の日本語に関する翻訳・出版権は
株式会社緑書房が独占的にその権利を保有する。

Printed in China

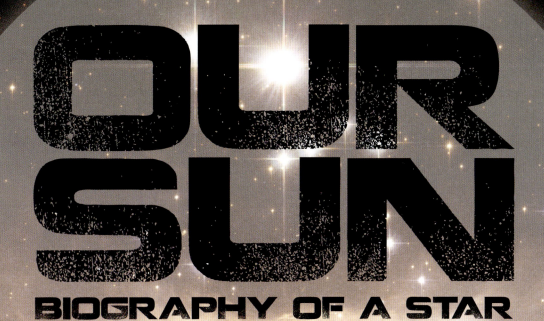

OUR SUN
BIOGRAPHY OF A STAR

CHRISTOPHER COOPER

FOREWORD BY
DAVID SPERGEL, PhD
CHAIR, DEPARTMENT OF ASTROPHYSICAL SCIENCES, PRINCETON UNIVERSITY

PREFACE BY
MADHULIKA GUHATHAKURTA, PhD
LEAD SCIENTIST, LIVING WITH A STAR PROGRAM, NASA

監修をおえて

　本書の著者であるクリストファー・クーパー氏は、エネルギー政策の専門家であり、これまで電気の技術的な側面や複雑なエネルギー市場について一般向けの本を数冊書いたことはあるが、太陽の科学に関する本は書いたことがなかった、といいます。それがなぜこのような本を書くことになったかというと、アメリカ航空宇宙局（NASA）の太陽観測衛星 SDO（Solar Dynamics Observatory）が撮影した見事な太陽の画像に感銘を受け、それらの画像の意味を誰もが科学的に理解できるような内容の本にして出版すべきと思ったからだそうです。そう思って本書を読むと、内容の豊かさ、レベルの高さに驚かされます。SDO 衛星が捉えた太陽の画像がすばらしいだけでなく、著者の解説は微に入り細に渡り、懇切丁寧をきわめています。とても、太陽の非専門家が書いたとは思えないレベルです。太陽そのものだけでなく、太陽研究の歴史、文化としての太陽、生命のエネルギー源としての太陽など、話題は太陽から周辺分野まで広がり、一般の人が知りたいと思う内容が満載です。ところどころ専門家でないゆえの誤りやミスはありましたが、それは監修の段階において修正しました。

　日本人としては、日本の打ち上げた「ひので」衛星の写真が一部載っているわりには、日本の太陽研究の説明が全くなかったのが不満ですが、そもそもの本書の目的が NASA の SDO 衛星が撮影したすばらしい太陽画像を世の中の人々に紹介することにありますので、そこは寛大になりたいと思います（監修の段階で、さすがに「ひので」衛星は日本の打ち上げた衛星であることは追記しましたが）。しかし、日本の太陽研究は NASA に負けず劣らず世界の第一線にあり、その成果の一部も一般向けにいくつか出版されていることを付記します。

　最後に、困難な翻訳を担当していただいた田村明子氏と、編集を担当していただいた緑書房の森田浩平氏に心より感謝申し上げます。

2015 年 9 月

京都大学大学院理学研究科附属天文台長・教授
柴田一成

CONTENTS

監修をおえて ･････････････････････････････ 4
刊行によせて ･････････････････････････････ 6
推薦のことば ･････････････････････････････ 8

はじめに ････････････････････････････････ 11
太陽系探査 ････････････････････････････ 16

1. 太陽の誕生 ･････････････････････････ 25
ビッグバン ････････････････････････････ 26
マイクロ波に見る初期の宇宙 ････････････ 28
原始銀河 ･･････････････････････････････ 28
超新星へ ･･････････････････････････････ 31
核融合：結合のエネルギー ･･････････････ 36
2人なら仲間 ･･････････････････････････ 38

2. 太陽の構造 ･････････････････････････ 43
太陽をつくる層 ････････････････････････ 44
太陽風 ････････････････････････････････ 53
太陽の自転 ････････････････････････････ 54
太陽の磁気 ････････････････････････････ 59

3. かけがえのない太陽 ････････････････ 81
太陽までの距離は？ ････････････････････ 82
光あれ ････････････････････････････････ 88
視覚の進化 ････････････････････････････ 90
光合成の奇跡（そして災い） ････････････ 93

4. 太陽崇拝 ･･･････････････････････････ 99

5. 太陽の歴史 ････････････････････････ 113
アリストテレスモデル ････････････････ 114
プトレマイオスモデル ････････････････ 115
太陽中心説（地動説） ････････････････ 116
望遠鏡を発明したのは誰？ ････････････ 124
分光法：動きに光をあて、星の組成を見る ･･････ 127
近代の望遠鏡 ････････････････････････ 132

6. 太陽の威力 ････････････････････････ 143
地球の磁気圏 ････････････････････････ 144
太陽エネルギーの利用 ････････････････ 157
力と力：太陽嵐 ･･････････････････････ 166
太陽周期 ････････････････････････････ 176

7. 太陽の未来 ････････････････････････ 183
燃料切れ ････････････････････････････ 184
赤色巨星段階 ････････････････････････ 188
白色矮星段階 ････････････････････････ 194
黒色矮星段階 ････････････････････････ 199
太陽の今後 ･･････････････････････････ 200

謝辞 ････････････････････････････････････ 205
用語解説 ････････････････････････････････ 206
索引 ････････････････････････････････････ 214
Photo Credits ･･･････････････････････････ 223

刊行によせて

　私たちはなぜ太陽の研究をするのでしょうか？　なぜ太陽系の惑星を探索するのでしょうか？　私たちのいる天の川銀河に広がる、多様性豊かな恒星や惑星の性質をなぜ理解しようとするのでしょうか？　ときを遡って宇宙最古の銀河を観察しようとするのはなぜなのでしょうか？　なぜビッグバンの余熱の特徴を探るのでしょうか？　これらの疑問に対して、私は現実的な答えも空想的な答えももっています。

　物理学の法則は宇宙のどこにおいても成り立つものです。ですから、宇宙の環境を学ぶことで、自然界のはたらきに関する洞察を得ることができます。1868年の日食では、フランスの天文学者ピエール・ジャンサンとイギリスの天文学者ノーマン・ロッキャーが、初めて太陽光スペクトル線のなかにヘリウムのスペクトルを発見しました。今日ヘリウムは、病院のMRI（磁気共鳴画像）スキャナーから、ゴム風船を膨らませることなどにまで、幅広く応用されています。私たちにはまだ銀河にあるダークマターの性質はわかりませんが、いつの日か、私たちの子孫によって解明されていくことでしょう。

　どんな基礎研究でもそうですが、天文学の研究からも驚くべき技術が派生的に生まれることがあります。1990年代、膨張するブラックホールからの電波を探していたジョン・オサリヴァンは、電波信号を整理して障害を減らせるよう、チーム一丸となって新しい種類のコンピューター・チップを考案しました。このチップはWi-Fi技術の重要な要素となり、コンピューター、電話、車、そして家をも含むあらゆるものと私たちの関係に、革命を起こしています。

　宇宙環境もまた、私たちの生活に直接的かつ、劇的な影響を及ぼすことがあります。かつて、1つの彗星により、地球上のほとんどの生命が死滅したことがありましたが、今後数億年のうちに同じことが起こるかもしれません。太陽からやってくる太陽フレアは、しばしば衛星通信を妨害するばかりか、電力網をも破壊します。太陽の変動はおそらく地球の気候にも大きく影響をもたらします。

　現実的な応用は重要なことですが、天文学者の多くは、新しい技術を生み出すためや、気球を浮かせるエネルギー源を発見するために星を研究しているわけではありません。感覚的な美しさや数学的な美しさに魅せられて宇宙を理解しようとしているのです。太陽フレアの豊かでうねるような構造、クモの糸のような星雲のフィラメントは、驚くほど美しいものです。しかし、はるか遠くの銀河における渦巻腕の形成原理や、太陽にあばたをつける対流セルの動きについての原理など、そこにはたらく物理の法則の数学的調和の美しさは、天体物理学を学ぶ幸運に恵まれた私たちにとっては、美しい画像よりももっと魅惑的なのです。自然界の根本的かつ普遍的な法則は単純なように見え、しかし同時に途方もなく複雑になりうるのです。

　太陽を見つめることが危険だということは誰もが知っています。しかし、自然を理解しようともがくことで得られることもあります。イギリスの哲学者エドマンド・バークは、1759年に次のように述べています。「自然界の壮大で崇高なものによってもたらされる感情は驚嘆となる。驚嘆とは、ある程度の戦慄とともにすべてが停止するような魂の状態をいう。このような状態では、心がその対象で完全に満たされて、ほかのいかなるものを思い浮かべることも、この心を満たしている対象について把握することもできない。驚嘆は、崇高なものによる最高の効果である」。あなたの人生が驚嘆に彩られたものとなりますように！

デイヴィッド・スパーゲル（PhD）
プリンストン大学天体物理学部長

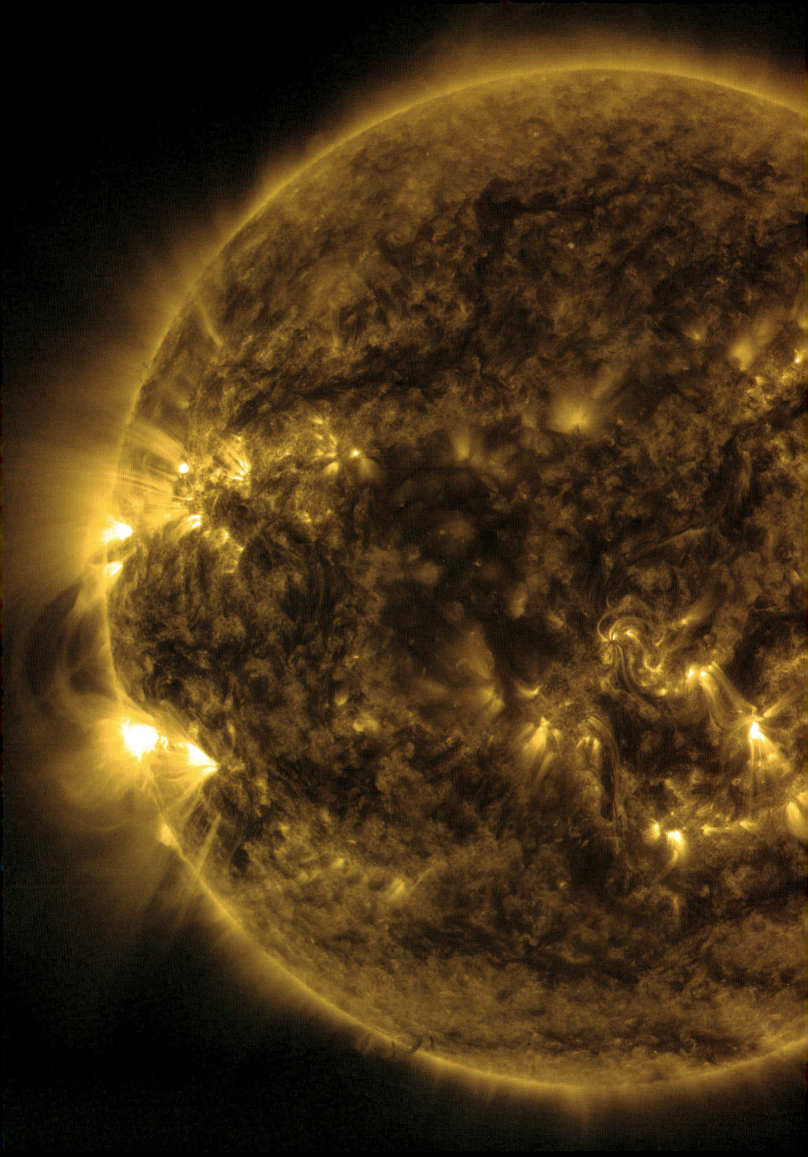

推薦のことば

私は、アメリカ航空宇宙局（NASA）のLWS（Living With a Star）計画の主任科学者として、太陽に関する本は専門家向けの技術的研究書から子ども向けのコミックまで何百冊も読んできました。この『太陽大図鑑』を手に取るまでは見尽くしたと思っていたのです。しかし新鮮で説得力のある本書を読み、太陽にはまだ新しい発見があるのだと気づかされました。

本書を開いて真っ先に読者の心を打つのはその美しさでしょう。著者は、太陽が空に浮かぶ単なる白い光のかたまりなどではなく、限りなく美しいものだということを知っています。「NASAのSDO（Solar Dynamics Observatory）が、それまで誰も見たことがないような、太陽の画像を撮影している。そのイメージを言葉で正しく表現することなどは不可能だ」と、書いています。彼の、まさにこの的を射た言葉が、本書にある写真とそのレイアウトの美しさに現れています。ページをめくるたびに、さらに私たちを惹きつける別の画像が、物語のように並べられているのです。これによって読者は、次にあるものを見ようと駆り立てられるようにページをめくることになるのです。

しかし、この本は見て美しいだけのものではなく、脳を刺激するものでもあります。画像やイラストの選別は本当に見事です。写真を見ているだけでも、太陽と、太陽が輝く宇宙について、たくさんのことを学ぶことができます。教科書は読む気になるのが難しいものですが、この本は閉じることが難しいのです。少なくとも私は本を閉じることができませんでした。

とはいえ、この太陽の物語を教科書と比較するのは全く筋違いです。まるで違うものなのですから。教科書は記憶できるくらいの量の情報を、まとまりなく小出しに並べているものです。一方、この物語は全体的かつ包括的なもので、すべての章にいくつものテーマがあります。時空の間や、芸術と科学の間にある「隙間」を埋め、それらを結びつける何かが新たにつくられ、2～3ページ読むごとに必ず「そうか！」と口にすることになるでしょう。

著者は、さまざまなことが複雑に絡み合う人間の経験というタペストリーに、ささいなことから奥深いことまで巧みに太陽の話を織り込みます。人間は太陽につくられた生き物です。反射する太陽の光でものを読み、肌に太陽の暖かさを感じ、太陽の光で育った食べ物を食べているのです。人間の生理も太陽光に依存するように進化してきました。興味深い話として、自然の居住環境、すなわち屋外の日のあたるところから人間がますます遠ざかることと関連しているのではないかと考えられる現象について検証しています。

インドの中流階級の家庭で育った私は、私たちがいる場所について、子どものころ、いつもいつも父に質問をして、父を閉口させていました。銀行家の父はまた哲学者であり数学者でもあったので、「私たちはどこから来たの？」と私が聞くと、理性と論理をもって返答してくれました。「円を見てごらん。どこが終わりなのかわかるかな？」。以来、太陽の形でもある円形は、太陽物理学のなかでも私を惹きつけるものになったのです。

太陽についての物語はその誕生に始まります。私の父とまさに同じように、彼は論じます。「『始まり』といういい方には、多少語弊がある」のだと。そして続けます。「一般的な説では、137億9000万年以上も昔、宇宙は限りなく高密で、限りなく熱く、また想像できないほどに小さな点であったといわれています。……『ビッグバン』より以前にどのくらいの期間、点として存在していたのか、あるいは時間が存在していたのかさえ、誰にもわからないのです。宇宙は永遠にそこにあったのかもしれません。そうなると『始まり』を定義することは、円周上の始まりを特定するようなことになってしまいます。そして実際のところ、私たちはある時点を選び、その点に対する相対的なものとして、時間の話をしなければならないのです。ここではビッグバンを始まりと考えることにしましょう」と。

この本は、好奇心のかたまりだった私の少女時代にあったなら、父がプレゼントしてくれていたであろう、そんな本です。そして私は今もそうであるように、贈り物を心から喜んだに違いありません。

マヅリカ・グハタクルタ（PhD）
NASA LWS計画主任科学者

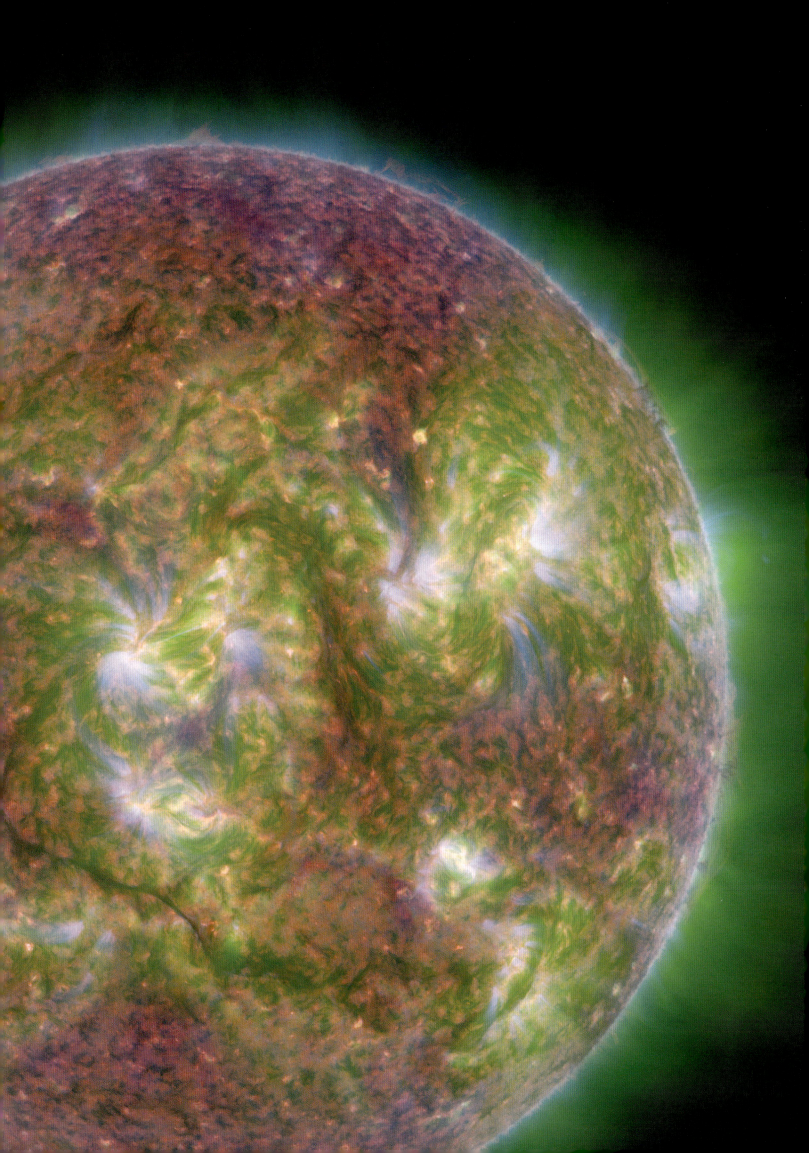

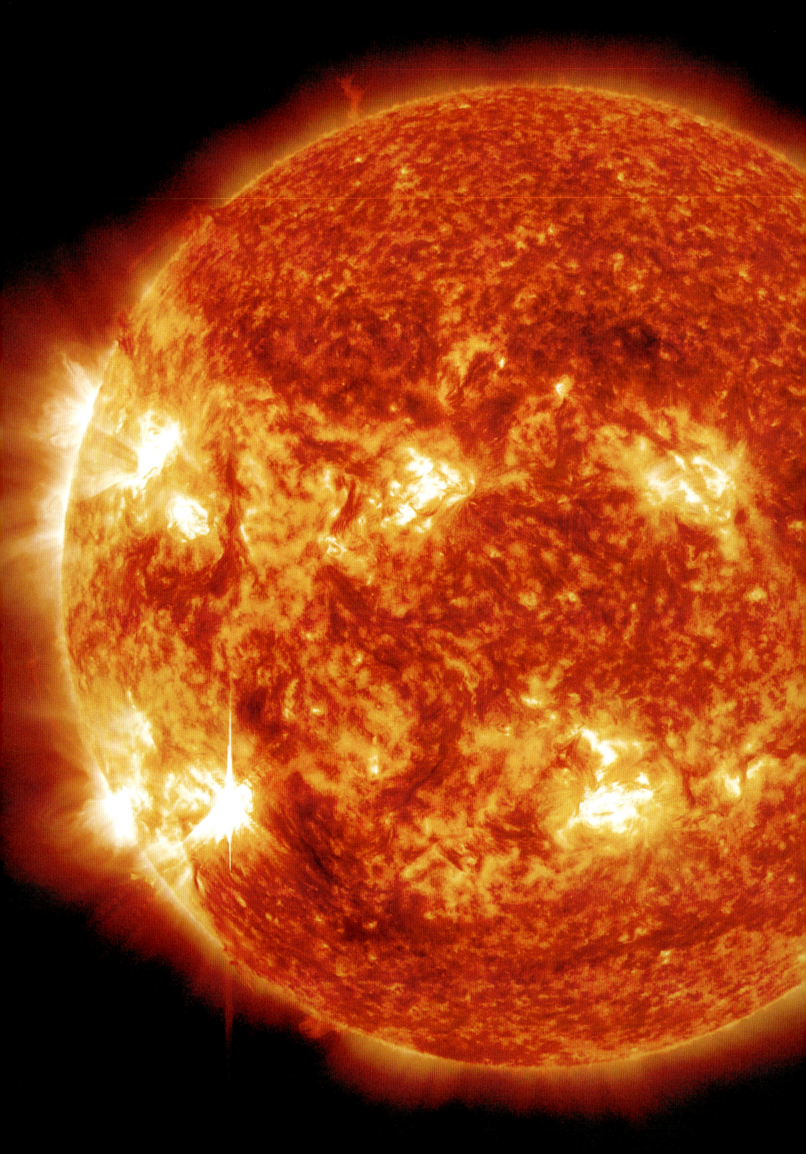

はじめに

　私たちの太陽は、天の川銀河に存在するおよそ3000億個の恒星のひとつです。そして天の川銀河は宇宙に存在する3000億を超える銀河のひとつです。このように、想像もできないくらいの広大さを思えば、私たちの存在が果てしなく続く海岸にある砂粒のようだと感じるのは自然なことでしょう。しかし、私たちの太陽は特別です。太陽と私たちとの間には、およそ1億5000万kmの距離がありますが、これ以上ないほどに深い結びつきがあるのです。あなたの目に映るすべてのものは、文字通り太陽から来たものです。今あなたが読んでいるものは、太陽を約8分前に出発し、このページにあたって反射し、あなたの目に飛び込んだ、光の粒子だということです。私たちが存在できているのも、まさに太陽のおかげです。身体が凍って氷になってしまうことなく、また焼け焦げることがないように、太陽は私たちに必要なだけの熱を供給してくれているのです。また、私たちが口にする食べ物も、すべて太陽の恩恵を受けています。太陽エネルギーが変換されることで植物が成長し、その植物は食物連鎖上に存在するあらゆる生物の栄養になっているのです。

太陽がいったい何なのか、またどのようなはたらきがあるのかはわからなかったかもしれませんが、人類は何千年も前から、太陽が重要なものであるということを理解していました。初期の人類は、その激しい輝きに畏敬の念を抱き、この星の絵を洞窟の壁に描きました。地球上のどこで発祥したかにかかわらず、ほとんどの文明が太陽を崇拝しました。太陽にまつわる神話は、古代メソポタミア、インド、エジプト、中国、そしてメソアメリカの文化の土台になりました。アポロンが現れる前の古代ギリシャでは太陽神ヘリオスが、ジュピターが現れる前の古代ローマでは太陽神ソルが崇拝されていました。

人類の歴史を通して、太陽は常に、宇宙における意味探究の中心にありました。しかし、ざっと10万年ほどしかない人類の歴史など、太陽の45億年の歴史のなかではほんの一瞬にすぎません。科学と技術の進歩により、私たちが太陽を本当に理解し始めたのは、ほんの最近のことです。それは、太陽がどこから来たのか、どのようなはたらきがあるのか、私たちの生活にどのような影響を及ぼしているのか、そして、地球を最終的にどのように破壊するのか、ということです。

この本は、科学者や、天文学について初歩以上の知識をもつ人のために書かれたものではありません。そもそも、科学者が書いたものでもありません。私たちに最も身近な星に対して、ほんの少しの関心と驚異の念をもつ読者のために、エネルギーの専門家が書いたものです。皆さんの多くがそうであるように、私のなかでの太陽についての最も古い記憶は、日光を浴びすぎて日焼けしたときの、ひりひりする感覚です。太陽についての私の知識は、小学校の科学の教科書から学んだこと以上のものではありませんでした。

私に太陽への強烈な好奇心を引き起こしたのは、エネルギーに対して抱いた強い興味でした。エネルギーに関することはすべて理解したかったのです。エネルギーがどこからやってくるのか、どのように伝わるのか、これまでどのように利用されてきて、どうすればもっと効率よく利用できるのか。太陽を理解することなくエネルギーを理解する方法などは、どこにもありません。太陽は、太陽系に存在するほとんどすべてのものにパワーを供給する電池のようなものなのです。しかし私は科学者ではありませんでしたので、太陽の科学を理解するためには、科学者でなくても理解できるレベルまで噛み砕く必要があったのです。単純さを追求したことが、この本を書くきっかけとなりました。

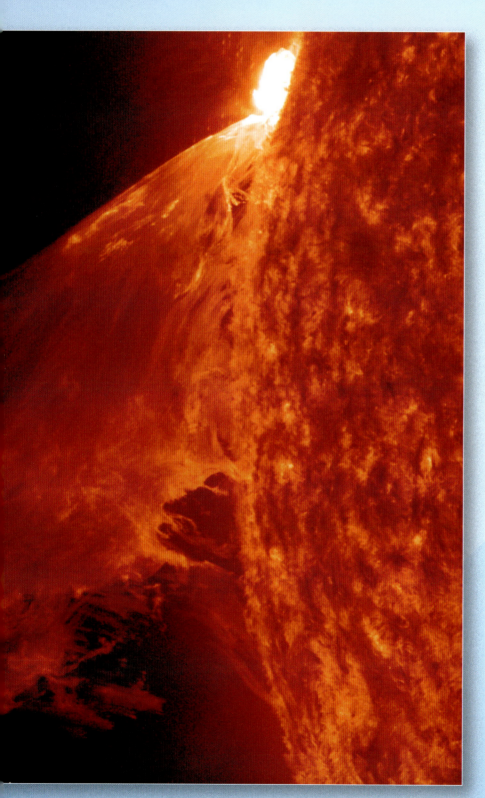

2011年2月24日、太陽フレアによって波打つプラズマが大量に噴き出した。

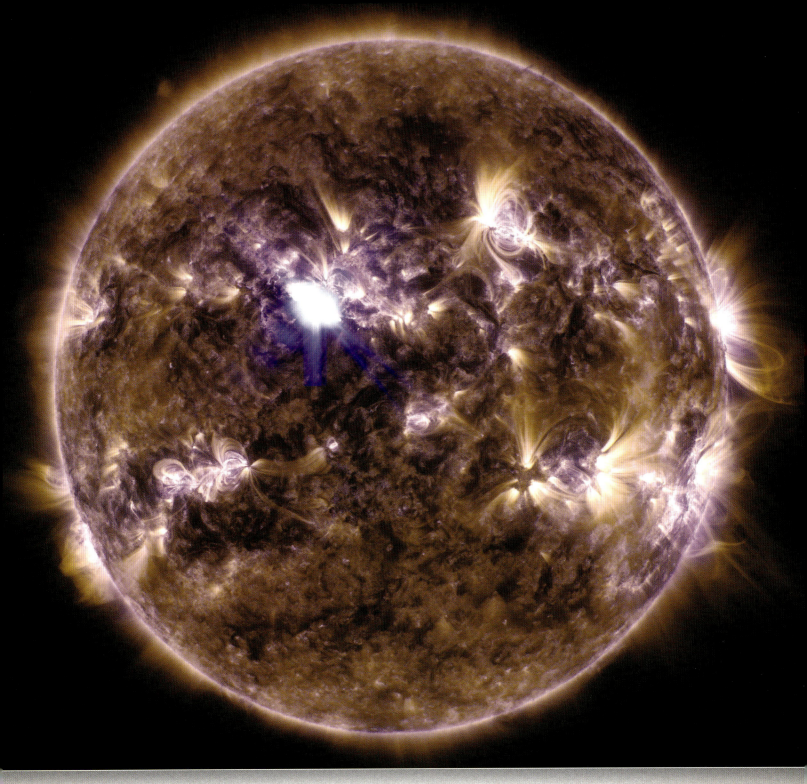

NASAのSDOが2013年4月11日に撮影したこの画像では、磁気ループをはっきりと見ることができる。
明るいところは中規模の太陽フレア。

　科学はアイデアに火をつけましたが、私を太陽のとりこにさせたのは写真でした。2010年2月、アメリカ航空宇宙局（National Aeronautics and Space Administration：NASA）は、SDO（Solar Dynamics Observatory）を打ち上げました。その後まもなく、SDOはそれまで誰も見たことがないような（もちろん私が見たことのあるどんなものとも異なる）太陽の画像を撮影し始めました。その画像を言葉で正しく表現することが不可能だったからこそ、最も驚くべき画像のいくつかをこの本に散りばめているのです。これらの写真を眺めて、太陽の虜にならずにいるのは難しいことです。私たちはSDOが撮影した太陽の写真からたくさんの科学的なことを学びましたが、その画像は科学を超越しています。それらは優れた芸術に触れたときのみ感じる、魂のゆさぶりをもたらす芸術なのです。それはほとんどスピリチュアルなものであり、崇高なものです。太陽を撮影したさまざまな画像は、この巨大な火の球と私たちの物理的なつながりのみならず、全人類の文化が育まれるなかで太陽が果たしてきた役割をも思い出させてくれます。地球上のすべての人（そしてこれまで地球上に存在したすべての人）が、太陽に対してそのような思いを抱いています。さらにいえば、それに気づくかどうかにかかわらず、あなたも私と同様に、その思いによって大きな変化を遂げているのです。

ドイツの天文学者クリストフ・シャイナーによる、1635年の太陽表面の図解。

しかしながら、画像と同じくらい感動的なのは、太陽の歴史でしょう。それは太陽の誕生と成長、そして、その性質が明らかになり始めたばかりの宇宙環境のなかで、太陽が果たしている役割についての物語です。読み進めるうちに、あなたもまた、太陽と人類の間の複雑で壮大な関係にあらためて感嘆するでしょう。そして、私たちが太陽の一生を理解するために重要な役割を果たしてきた有名な（しばしば風変わりな）人々に、再び（ひょっとしたら初めて）出会うことになるでしょう。

あなたは太陽の歴史についても学び、その系譜をビッグバンの最初の瞬間にまで遡ることでしょう。太陽の親について読み、もう長いこと音信不通だけれども天の川銀河のどこかをさまよっているかもしれない、太陽の兄弟のことを知るでしょう。そして兄弟のうちの1人が実は近くにいて、姿は見えずとも絶えず太陽と交わりをもっているのではないかと信じる科学者がいることも、理解するでしょう。

本書を読み進めると太陽を動かすものが何なのか、なぜ、どのようにして太陽が輝き、回転するのかを知るでしょう。太陽の最も外側にある層が、内側の層よりもずっと熱いという不思議を最近になっていかにして科学者が解明したかを学び、核融合の背景にある科学を理解し、黒点、フレア、コロナ質量放出がなぜ形成されるのかを理解するでしょう。さらに重要なことに、これら3つのすべてがいかにあなたの生活に劇的な影響を及ぼすかを理解し、また、太陽活動が地球の気候変動に重要である理由についての洞察を得られるでしょう。望遠鏡発明の功績を誰が獲得するか（および誰に認めるべきか）に関する地政学的な争いについても学ぶことでしょう。

世界中のあらゆる文化に見られる太陽崇拝にまつわる神話のいくつかに触れてみると、18世紀までのたいていの人が理解していたよりも、さらに深く太陽について理解していた古代人がいたことを知って驚くかもしれません。本書を読むことで光の本質を、そして私たちがどうやって「見る」能力を生み出したかを、さらには光合成の奇跡（あるいは災いと捉える人もいるでしょう）を理解することでしょう。

また、生きていくために必要不可欠な栄養素を供給する一方で、太陽は私たちを葬ろうとしているという事実にしっかり向き合うことを余儀なくされるでしょう。そして、太陽エネルギーの利用に関する従来の方法について理解を深め、また新しい方法についての理解を得ることでしょう。太陽が現代の電子機器にもたらすリスクについて読み、あなたの電子機器を守るために役立つヒントをいくつか学ぶでしょう。

最終的にあなたは、太陽の将来について的確なイメージをつかむことができるようになるでしょう。それには、人類が生きる希望をもち続けるためには星間旅行のしくみを見つけ出すことが不可欠であることの理由も含まれます。また、NASAが計画している太陽系探査の将来を垣間見、常に資金不足の状態にあるこの機関が世界中の人々にもたらす恩恵について、評価を新たにすることでしょう。

左は現代に描かれたアステカカレンダー。中心にいるのは太陽神トナティウ。
1790年にメキシコシティの中央広場から発掘された本物の石(太陽の石、
アステカの暦石ともよばれる)は、直径が約3.7mで重さは24トンを超える。

太陽系探査

太陽についてのワクワクするような新しい発見が次々になされる時代に生きている私たちは、幸運だといえるでしょう。太陽の構造にまつわる重要な疑問のいくつかに、答えが出始めているのです。そしてそれは、何世紀にもわたって科学者を悩ませてきた疑問でもあります。太陽についての私たちの理解が深まってきているのは、太陽活動が太陽系のほかの存在に及ぼす影響を調査するために、1990年代からNASAが労力を投じてきたおかげでもあります。

NASAは2007年の戦略計画で、太陽活動をモニターし分析するための探査衛星を次々と打ち上げるという、一連の中規模太陽探査ミッションを提案しました。単独かつ高額な太陽へのミッションではなく、HGO（Heliophysics Great Observatory）として知られる、12の探査機をまとめて打ち上げ、太陽と地球の周辺および両者間の戦略的な位置に配備することを計画したのです。すべての探査機をまとまった1つの観測衛星として運用できれば、1つの事象に対し複数の計測結果を得ることができます。そうすれば、衛星が固定された視点からモニターする場合に生じる、観測上のギャップを埋めるために役立ちます。なかでも最も重要な観測衛星には以下のものがあります。

SDO

2010年2月11日、NASAはHGOの旗艦であるSDO（Solar Dynamics Observatory）を打ち上げました。SDOは太陽磁場がどのようにして形成されるのか、どのような構造になっているのか、太陽の磁気エネルギーがどのように宇宙に解放されるのかについて、5年をかけて調査するためにつくられました。調査の過程で紫外線放射を計測し、太陽磁場のマッピングを行い、太陽活動周期に伴う太陽構造の変動を捉えたのです。さらにこれが非常に重要なのですが、太陽の表面および太陽大気の高解像度画像を撮影するための機器一式を搭載しています。

SDOが捉えた驚くべき画像を見る心構えができている人はほとんどいませんでした。大気画像化装置（Atmospheric Imaging Assembly：AIA）によって、SDOは10秒ごとに10の波長で太陽を撮影することができます。その結果、太陽表面で起こっている劇的な撹乱の、まるで映画のような画像の数々が得られたのみならず、額に入れて飾ってもいいようなすばらしいカラー画像が撮影できたのです。

本書に掲載された画像には説明など不要でしょう。SDOはほかの太陽観測機器の2倍、1990年代のNASAに可能だった解像度と比較すれば4倍の解像度で、太陽を捉えることができます。この高い解像度によって、これまで誰も見たことがなかった太陽の事象の心躍る発見がなされ、さらに、これまでは理論でしかなかった事象の確認映像が得られたのです。

左：NASAのSDOのイメージ図。

次ページ写真：太陽大気に見られる大きな暗い部分はコロナホールで、ここでは太陽の磁場が開き、高速の太陽風が流れ出している。

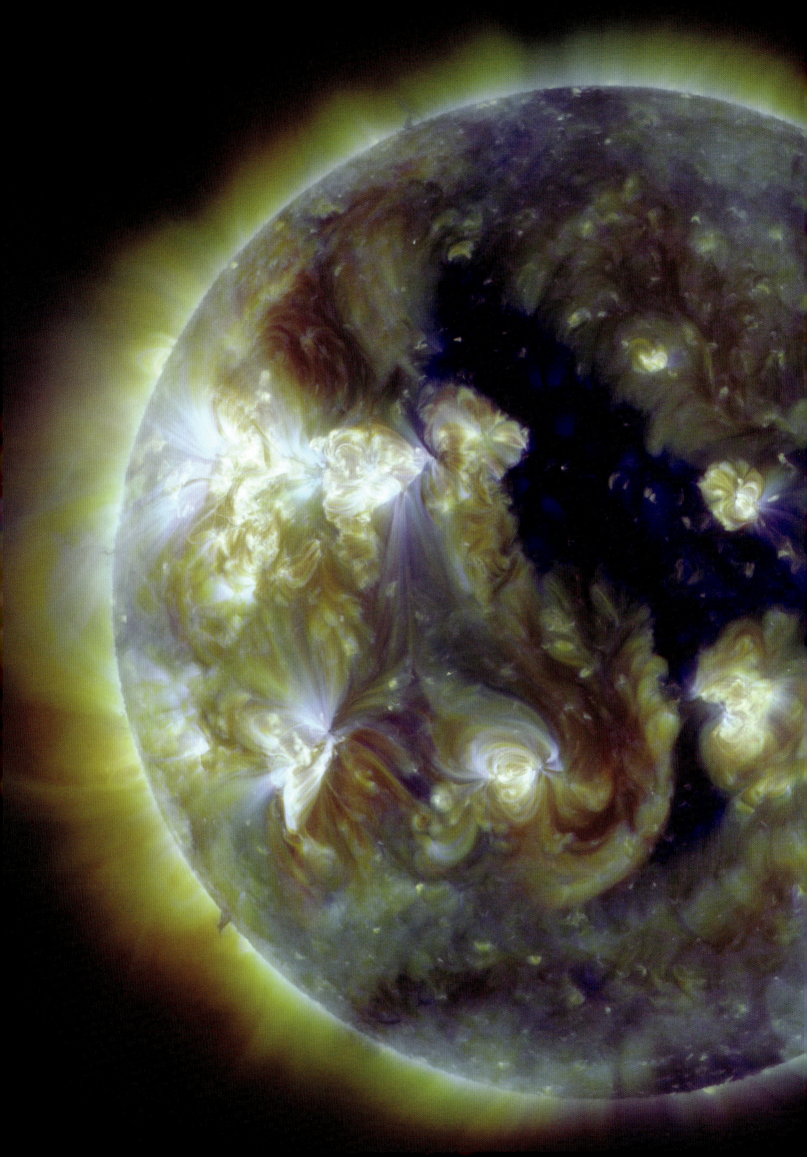

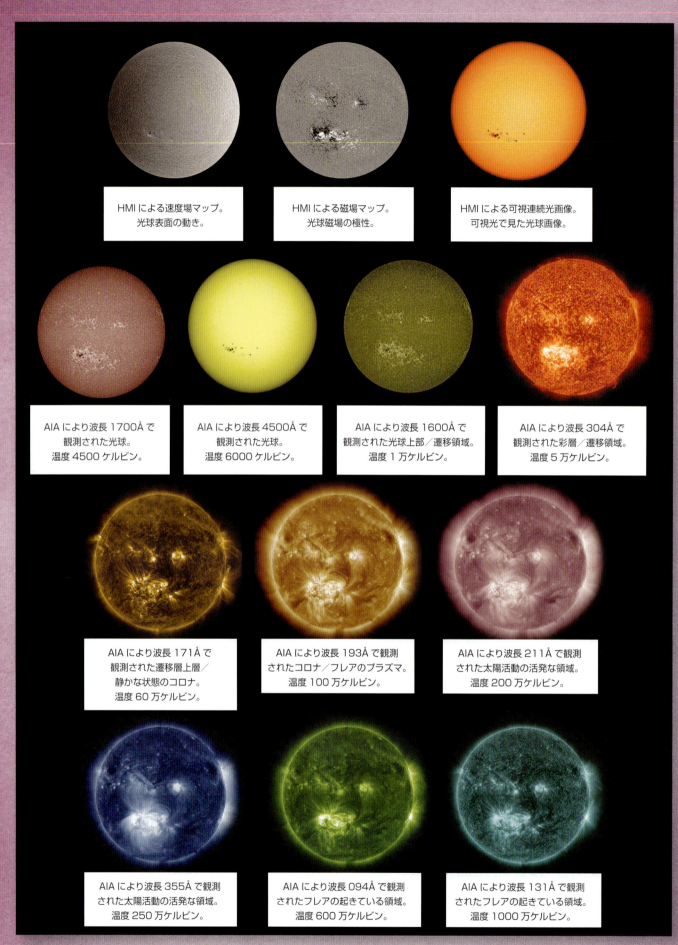

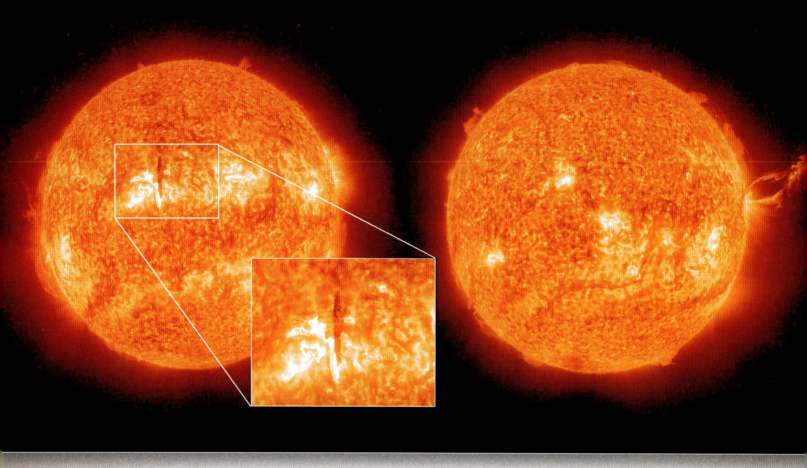

STEREO-B（地球を追いかける探査機）が撮影した左側の画像には、暗い垂直の線が見える。
一方、STEREO-A（地球の前を行く探査機）が撮影した右側の画像により、
これは太陽大気中を噴き上げる巨大なプロミネンスであることがわかる。

STEREO

　2006年10月26日、NASAはSTEREO（Solar Terrestrial Relations Observatory）を打ち上げました。STEREOは、地球とほぼ同じ軌道で太陽を周回する、2機の探査機です。1機は地球よりもやや前を行き、もう1機は地球より遅れて周回しており、太陽の立体的な3次元画像の撮影が可能です。また、2機の軌道は次第に離れ、地球からは見えない太陽の裏側をモニターすることが可能になりました。NASAは初めて、あらゆる角度からほぼリアルタイムで太陽を観測することができるようになったのです。これにより、はるかに正確に黒点を探知できるようになり、太陽の反対側で起こるであろうコロナ質量放出についても、リアルタイムでの警告ができるようになりました。STEREOの探査機は、ミッションの終わりを定めずにデザインされています。理論的には、永久に太陽を観測し続けることが可能なのです。

地球を周回するNASAの
太陽観測衛星STEREOの
イメージ図。

SOHO

　SOHO（Solar and Heliospheric Observatory）は2年にわたり太陽を観測する、NASAと欧州宇宙機関（European Space Agency：ESA）の共同プロジェクトとして、1995年12月2日に打ち上げられました。この探査機は、太陽から探査機への重力と地球から探査機への重力が等しくなる太陽―地球系のラグランジュポイントL_1の近くに配備されました。太陽と地球のいずれに対しても相対的に観測できる、固定した位置に留まることが可能になったのです。

　SOHOは12の観測機器を搭載し、それぞれが独立して測定をすることも、さまざまな組み合わせで連携して測定をすることも可能です。SOHOの本来の目的は太陽の表層部の調査、内部構造の探査、それに太陽風の観測を行うことでした。しかし現在でも観測を続けており、太陽の天気を予測し、太陽からやってくる危険について、地球が警戒態勢をとるための主要な情報源になっています。

NASAのSOHOが捉えたこの強烈なコロナ質量放出の合成画像は、コロナの様子を際立たせるため、別の太陽の画像が拡大され重ねられている。

RHESSI

　NASAは2002年2月5日、太陽フレアの原因と影響の調査を目的としたRHESSI（Reuven Ramaty High Energy Solar Spectrographic Imager）を打ち上げました。この衛星は太陽フレアから放出されるX線とガンマ線のイメージを捉えるために、特別につくられた観測機器を搭載しています。RHESSIは期待を裏切ることはありませんでした。太陽フレアのガンマ線像を初めて捉えたのです。また、2002年12月6日には、宇宙で起こる爆発のなかで、最もエネルギー量の多いガンマ線バーストによる電磁放射の映像をも初めて捉えました。太陽観測中に太陽圏外空間の宇宙のはるかかなたで起こったバーストをたまたま捉え、磁気の極性を計測することができたのです。

　これらの卓越した観測衛星と搭載された観測機器（および今後数年間に打ち上げが予定されている衛星）により、私たちは太陽の不思議を解明し、我々に最も身近なこの恒星と地球との密接な関係を明らかにしつつあります。これらの太陽探査のミッションにより、私たちの太陽系についての認識は大きく変化してきています。太陽についての理解が深まるにつれ、太陽系が、重力によって結びつけられて宇宙に浮かぶ、単純な物体の集合体などではないということがわかってきたのです。

　姿を現しつつあるのは宇宙全体をまとまりとした生態系で、そこで機能しているのは重力だけではありません。力が重なり合うように物質もエネルギーも重要な役割を果たしています。1か所で起こる変化はほかにも深い影響があるかもしれません。これまでにも増して、太陽系のなかでの太陽の重要性を理解し始めているのです。それはとてつもない大きさや強力なエネルギーのためというよりは、地球の地質、大気、そしておそらくこれが最も重要ですが、地球に住む我々人間と太陽の複雑な関係を理解するためです。

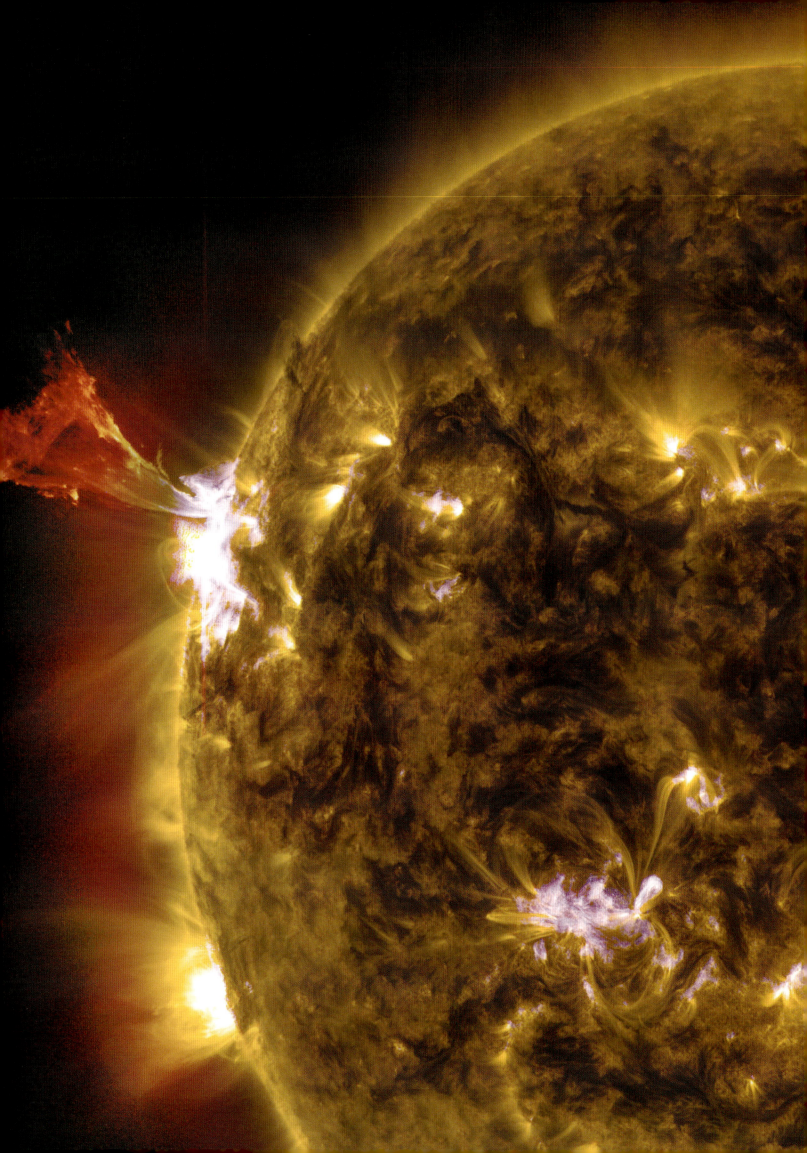

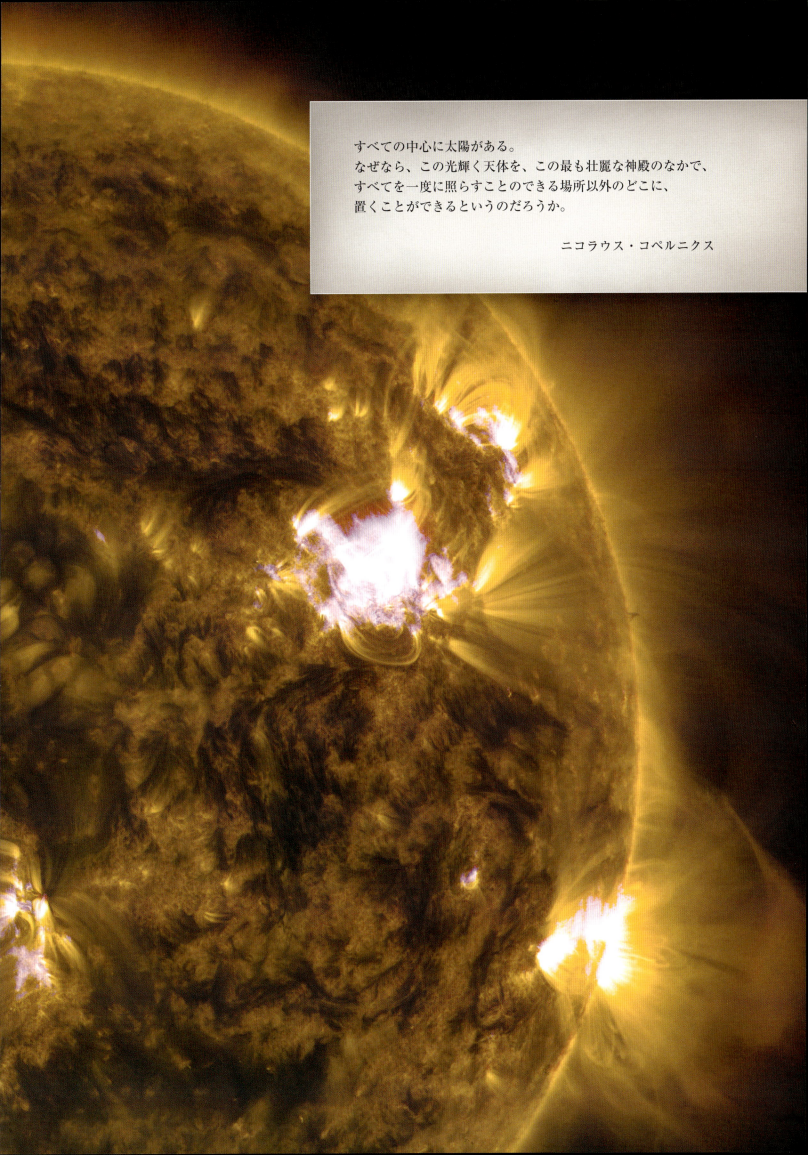

すべての中心に太陽がある。
なぜなら、この光輝く天体を、この最も壮麗な神殿のなかで、
すべてを一度に照らすことのできる場所以外のどこに、
置くことができるというのだろうか。

ニコラウス・コペルニクス

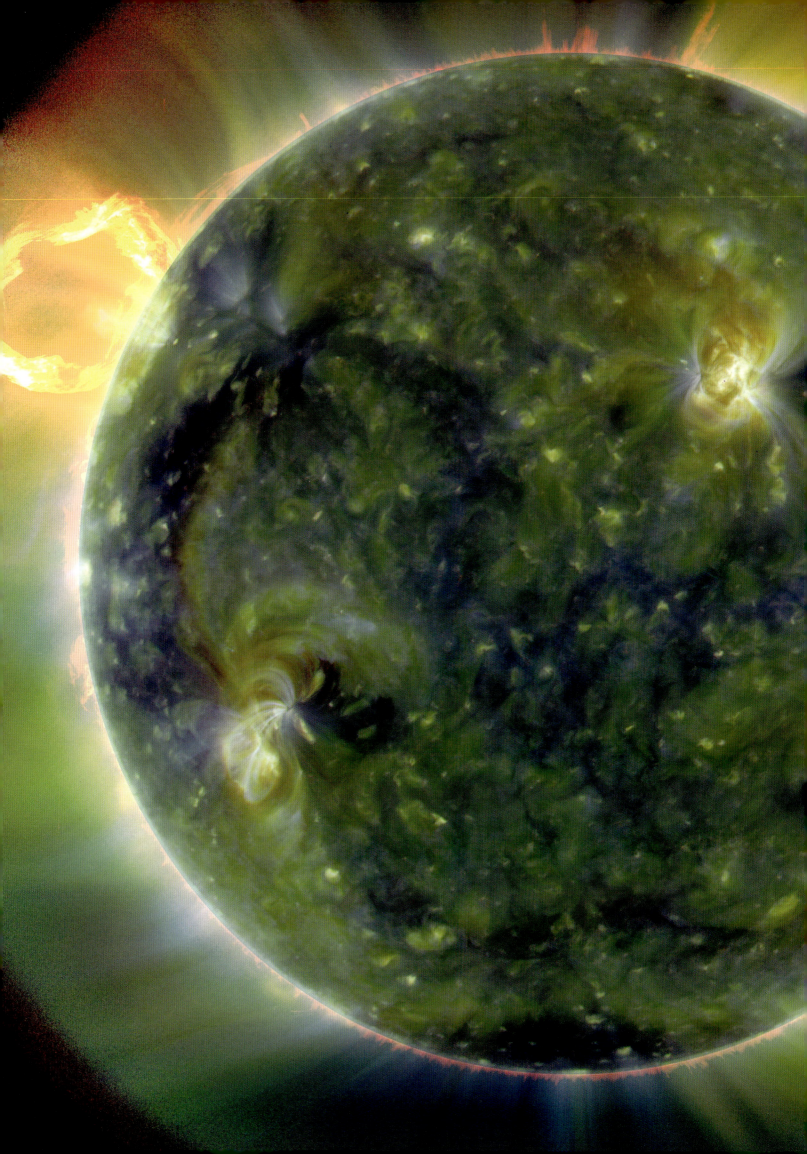

1

太陽の誕生

　私たちの太陽は、大質量星の断末魔から生まれました。それがどのように起こったのかを理解するには、太陽の系譜を「始まり」までずっと遡る必要があります。しかし、「始まり」といういい方には、多少語弊があります。一般的な説では、137億9000万年以上も昔、宇宙は限りなく高密で、限りなく熱く、また想像できないほどに小さな点であったといわれています。その小さな点が、いまだに理由は解明されていないのですが、「ビッグバン（大爆発）」とよばれる現象のなかで急激に膨張を始めた、とされています。

　「ビッグバン」より以前にどれくらいの期間、点として存在していたのか、あるいは時間が存在していたのかさえ、誰にもわからないのです。宇宙は永遠にそこにあったのかもしれません。そうなると「始まり」を定義することは、円周上の始まりを特定するようなことになってしまいます。そして実際のところ、私たちはある時点を選び、その点に対する相対的なものとして、時間の話をしなければならないのです。ここではビッグバンを始まりと考えることにしましょう。

ビッグバン

宇宙が誕生した一瞬後（正確には 0.00000000000000000000000000000000000001 秒後）、宇宙は光よりも速い速度で膨張を始めました。物理学者が「宇宙のインフレーション」とよぶプロセスです。このことは、光よりも高速で伝わるものは存在しないということと、矛盾するわけではありません。

通常では不可能なこの偉業は、長くは続きませんでした。宇宙のインフレーションはあまりに速く起こったため、その時間が何秒であったかを小数で表現しようとすれば、このページに印刷しきれないほどの「0」が必要になってしまうでしょう。宇宙のインフレーションが終わるまでに、宇宙と、命の種子を含めたそこに存在するすべてのものは、グレープフルーツほどの大きさに膨らみました。そう書くと「ビッグバン」の「ビッグ」というのが少し大げさに聞こえるかもしれません。

反物質宇宙

宇宙が誕生し時間が始まったころに反物質のほうが多かったとしたら、宇宙がどのようになっていたかということは誰にもわかりません。この問題を考えるヒントとして、科学者は重さ7トンの粒子検出器、アルファ磁気分光器（AMS-02）を国際宇宙ステーションに設置しました。AMS-02 から得られるデータは処理されつつあります。そして、我々の宇宙がそうなる可能性もあったという反物質宇宙についての、さらなる解明が期待されています。

しかし忘れてはいけません。1秒にはるかに満たないほんの一瞬で、宇宙は想像もできないほど小さな点から、あなたが手にもてるほどの大きさにまで膨張したのです。想像もできないほど無限に小さいものからの膨張なら、かなりの飛躍といえるでしょう。

インフレーション直後の宇宙は、ものすごく熱い素粒子のシチューでできていました。あまりにも熱いので、エネルギー以外の何かをつくろうとするエネルギーは、物質と反物質のペアを生み出しました。物質と反物質とは『ロミオとジュリエット』に登場する教皇派のキャピュレット家と皇帝派のモンタギュー家ほどに相性が悪く、初期の宇宙は非常に不安定でした。物質と反物質の両方がほんのわずかでも生まれると衝突し、いずれも消滅してしまったのです。

国際宇宙ステーションの右舷トラスの上に設置された AMS-02。

こうしたことが間断なく起こる宇宙は常に変化する状態にありましたが、やがて、どうしてそうなるのかはまだ解明されていないものの、衝突において物質のほうが勝つということが起こるようになりました。その結果、衝突によって物質と反物質がお互いをすべて破壊してしまうのではなく、物質がほんのわずかだけ残るようになったのです。物理学について知っているすべてのことをふまえたうえで、これが不可能なことに聞こえるとしたら、それは正しいといえます。起こるべきではないことなのです。しかし、バリオン数生成とよばれる反応によって起こりました。そして衝突すればするほど物質の量が反物質を上回るようになり、今日我々が知る宇宙が形成され始めたのです。

　最終的に宇宙は速度を落とし、冷えていきました。繰り返しますが、ここで話しているのは1秒にははるかに満たないほどわずかな一瞬のことです。温度は、生成されたすべてのものが物質と反物質のペアで現れる温度を下回り、それ以降、宇宙の密度は物質が占めるようになりました。陽子、電子、ニュートリノ、そして高校の物理の授業で学んだその他のあらゆる物質が生まれたのです。

　およそ37万8000年後に、この冷却によって陽子と電子がペアになり、単純な中性の水素原子が生成されました。正電荷をもつ1つの陽子が負電荷をもつ1つの電子によって相殺されたのです。「宇宙の晴れ上がり」として知られているこの事象によって、宇宙が透明になり、光が初めて遠方に届くようになったのです。電子と陽子の結合以前は、光エネルギーは非常に熱い宇宙の混沌のなかで、自由に動き回る素粒子と衝突してまき散らされ、どこにも行きつきませんでした。光がまき散らされずに進めるようになると、歴史上初めて時間が出現……といえるかどうかわかりませんが、とにかく初めて宇宙が見え始めたのです。

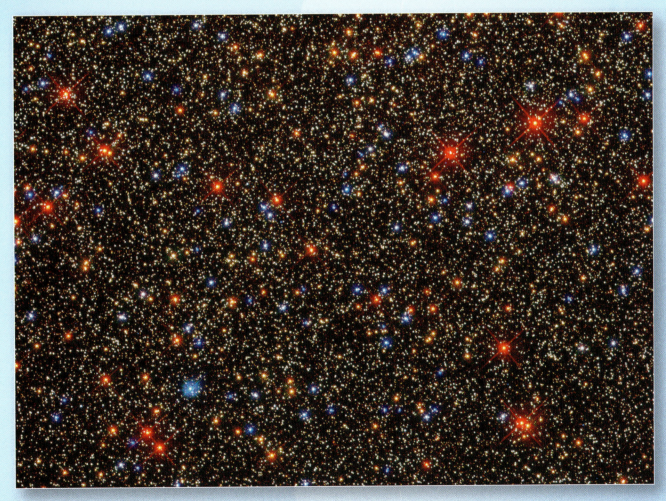

ω星団は天の川銀河の軌道を回る大型の球状星団で、誕生して100億年から120億年になる1000万個近くの恒星を抱えている。この細かい写真に見られる、黄色がかった白い星は太陽のような大人の星を示す。オレンジ色の星はより温度が下がり大きくなった晩年の恒星を、赤い星は赤色巨星を、青い星は寿命を延ばそうと、極度に熱くなった中心部でヘリウムを融合している星を示す。

太陽の誕生　27

マイクロ波に見る初期の宇宙

「宇宙の晴れ上がり」の時期は、私たちが歴史を振り返って、今なお跳ね回る光の形から、当時の何がしかを実際に「見る」ことができる最初の時期です。その当時に放たれた光波はどんどん波長が長くなり、あまりに長くなった現在では、マイクロ波として存在します。アメリカ航空宇宙局（NASA）のWMAP（Wilkinson Microwave Anisotropy Probe）が遡れるだけ遡って観測し、初期の宇宙の異方性（ゆらぎ）マップをつくったのが、これらのマイクロ波だったのです（監修者注：これらのマイクロ波は、もともと1960年代に発見された）。

「異方性（ゆらぎ）」とはちょっと恐ろしげな言葉ですが、「一様ではない」という意味で、WMAPが宇宙の初期の段階に発見した温度の変動を指しています。このゆらぎを発見したNASAゴダード宇宙飛行センターのジョン・マザーとカリフォルニア大学バークレー校教授のジョージ・スムートは、2006年にノーベル物理学賞を受賞しました。彼らが測定した非常に小さな温度のゆらぎによって、初期銀河の形成過程についての私たちの理解が一気に進むことになったからです。

WMAPのデータをもとにつくられた、誕生から約37万年経過したころの宇宙のイメージ。成長して銀河となる種子と一致する温度の、わずかなゆらぎの存在を、色の違いで明らかにしている。

原始銀河

初期の宇宙では、物質は完全にではありませんが、ほとんど均一に広がっていました。WMAPが観測したわずかなゆらぎがあったことで、非常に長い時間をかけ、わずかに密度の高い領域がわずかに強い重力を見せるようになり、これらの領域はどんどん物質を引き寄せ、ますます高密度になり、さらに多くの物質を引きつけ、「星雲（nebula）」とよばれる巨大な雲を形成するようになりました。

非常にわずかな密度の差が星雲を形成したのと同じように、最初にできた星雲の内部のほんのわずかな密度の差が、重力的に不安定な巨大な塵の雲をつくりました。星雲内部のより密度の高いところでは物質が集まってかたまりになり始めました。物質がかたまりになると、その収縮によってかたまりに回転が起こります。それは宇宙飛行士が宇宙船のなかの無重力状態を漂っているときに見られる現象です。回転の速度が速ければ速いほど、かたまりの外側に向かって物質は平らになっていきます。この平らになるという現象のために、ほとんどの銀河は円盤状の形をしているのです。

10万年ほど経つと、この回転、平板化、収縮のすべてがエネルギーを放出します。するとさらに、物質のかたまりは熱くなり、輝き始め、重力を押し返す赤外線放射の圧力が生まれます。赤外線を放出する段階に到達した収縮する物質のかたまりは原始星とよばれます。

　さらに10万年ほど経つと、これらの原始星の密度は高まり続け、もっと物質を引きつけ、ますます熱くなりました。最終的に、これらの原始星の中心の高温高圧により、水素原子が融合し始め、核融合反応が始まりました。天文学者はこの反応を「水素燃焼」とよんでいます。核融合反応が始まると恒星の誕生です。新しく見えた星は「新星（nova）」とよばれることがありますが、これは今では別の天体（ある種の爆発現象）を意味しており、新しく誕生した星とは異なります。

何千個ものきらめく若い星を抱える「NGC3603」は、天の川銀河のなかでも最も大質量の若い星団のひとつ。

重力が核融合に打ち勝つとき

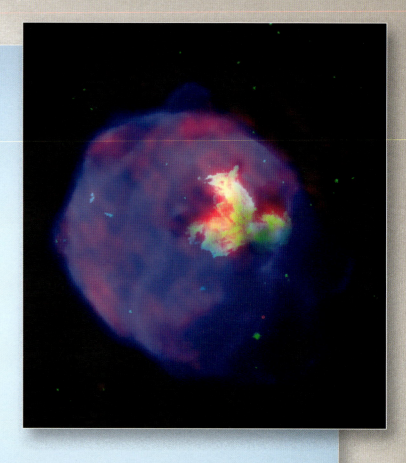

　恒星は核反応暴走、あるいは重力崩壊のいずれかの道をたどり超新星になります。核反応暴走では、あまりに質量を増した星の中心部が、重力によって高温になり、核の暴走反応が始まります。通常の核融合では水素原子が融合してヘリウムがつくられます。水素原子が使い尽くされ、ヘリウムで満たされた中心核が高温になると、ヘリウムの核融合が始まり、炭素がつくられます。太陽と同程度の質量の星では、核融合サイクルはここで止まります。中心核の温度が炭素の核融合を引き起こすほどに高温になることはないからです。これらの星は残りのヘリウムを燃焼し続けますが、やがてそのほとんどが冷たく不活性の炭素でできた白色矮星になります。

　しかし、質量が十分にある星の中心核は5億度ほどまで高温になり、その時点で今度は炭素原子が核融合を始めます。星の内部の温度が、炭素の燃焼が始まるほどに高くなると、もはや核融合サイクルは止まりません。次から次へと起こる核融合のそれぞれの過程で、星に残る質量のより多くの部分が変換され、その間温度も上がり続けて、新たにつくられた元素が核融合を起こせるレベルに到達します。その結果、核融合燃焼はますます高速になります。

　ある星の水素のすべてが、核融合でヘリウムになるには、何十億年もかかることがあります。できたヘリウムのすべてが、核融合で炭素になるのにはさらに何百万年もかかるでしょう。一方、炭素の核融合は数百年で完了します。これは宇宙の時間を考えればほんの一瞬です。炭素が核融合を起こすとネオンがつくられます。ネオン融合が始まれば、数年で星にあるすべての炭素が変換されてしまうでしょう。次に来るのは酸素の核融合ですが、これは早ければ2か月ほどで完了することもありえるのです。

　連続する核融合サイクルは、それぞれのサイクルでより多くの質量を変換し、より少ないエネルギーを放出しながら加速し続け、やがて外への圧力が重力による内向きの圧力に抗しきれなくなります。すると、星全体の構造を1つにまとめてきたエネルギーのバランスが、一気に崩れることになります。それまで抑えられていた全重力が中心で崩壊し、原子核を粉々にします。星の中心部にあるすべての原子の原子核の一瞬の崩壊は、星全体に衝撃波を放出し、星に残る質量のほとんどを超高速で宇宙に噴き出します。

　核反応暴走では核融合サイクルによる外への圧力は次第に弱まり、やがて重力に抗しきれなくなります。しかし、星の中心部でどのタイプの核融合が起こっていようが、重力はときに外向きの圧力に打ち勝つことがあります。重力崩壊では、非常に重い星の中心部に非常に大きな重力がはたらき始め、水素の核融合でつくられたエネルギーをもってしても構造を維持することができなくなります。核融合のプロセスが弱まるのを待たずに、重力は一気に中心部の原子核を粉砕します。結果として星を内部から爆発させる、核反応暴走と同じ衝撃波を放射します。

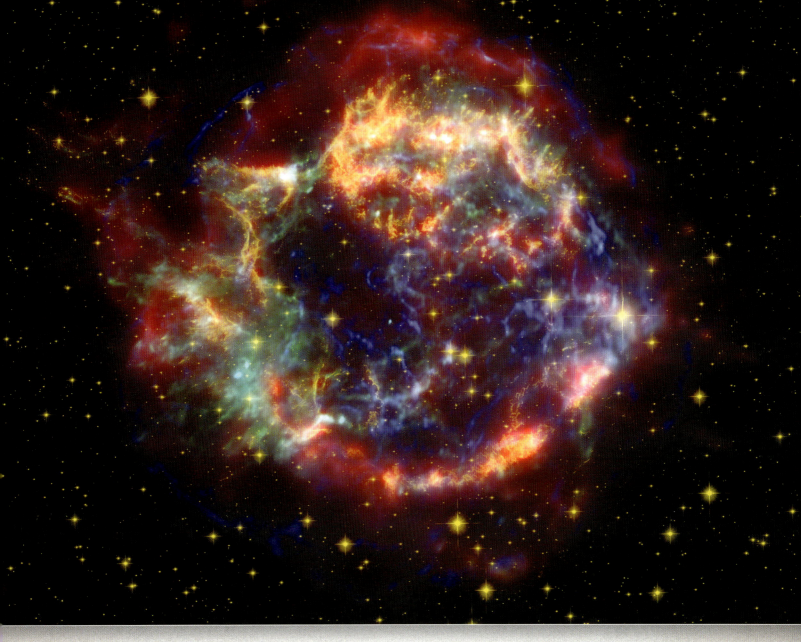

カシオペア座Aは1万1000年ほど前に超新星爆発を起こした星の残骸。

超新星へ

　核融合が始まった星は勢力争いをしているようなものだと考えられるでしょう。一方には内向きの重力があり、常に星を圧縮してどんどん密度の高いかたまりにしようとしています。もう一方には核融合で生まれる外向きの力があり、宇宙へ逃げ出したがっているようなエネルギーの力を生んでいます。これら2つの力が相対的にバランスのとれた状態にあるうちは、星は宇宙の一角で光と暖かさを確実に届けつつ、長く明るい一生を送り続けます。しかし星の密度が上がり続けると、やがて重力が核融合で生まれる力を上回るようになり、星の内部は崩壊し、大爆発を起こして超新星（super nova）となるのです。

　超新星（爆発）は宇宙で起こる最も激しい現象のひとつです。たった1回の爆発で、超新星は平均的な星が、その一生で放射する全エネルギーに匹敵するほどのエネルギーを放つこともあるのです。これはとてつもない量のエネルギーです。第二次世界大戦でアメリカが広島と長崎に投下した原子力爆弾は、TNT（トリニトロトルエン）換算でおよそ15キロトン相当のエネルギーを放出しました。その後アメリカは、ほぼ2000倍の威力をもつ、最大核出力25メガトンの水素爆弾を開発しています。1個の超新星はこの25メガトンの核爆弾約10兆個分に相当するエネルギーを放出するのです。宇宙的規模で考えても超新星は本当に重大事です。超新星の爆発は、天の川銀河ではほぼ50年に一度起こります。時間的には短いですが、その銀河全体のなかで最も明るい単独の物体となるのです。

かに星雲は1054年に天文学者に観測された超新星からできたもので、その中心にはパルサーがある。小さな町ほどの大きさながら、太陽ほどの質量がある中性子星である。

超新星元素合成

　核反応暴走の結果として超新星爆発を起こす星も、短期間、炭素の核融合により酸素をつくり、さらに、酸素からケイ素をつくることがあります。また、これらの星ではほぼ1日だけシリコンの核融合が起こり、鉄がつくられます。ただし、核融合でせいぜい行きつけるところはケイ素の核融合です。鉄あるいはそれ以上に重い元素の核融合では、つくられる以上のエネルギーを消費することになるので、結果として、鉄は星を光らせるための燃料にはなれないのです。

　酸素とケイ素の核融合の間に、質量の大きな星は硫黄、塩素、アルゴン、スカンジウム、チタンをつくり出すことがあります。超新星爆発で生まれた高温高圧力はまた、私たちに必要不可欠な栄養素であるナトリウム、カリウム、そしてカルシウムもつくり出します。有名な天文学者であるカール・セーガンは、「私たちは星の物質でできている」といいましたが、それは正しかったのです。今あなたが生きてこれを読んでいるのは、もともと何十億年も前に起こった巨大な超新星爆発でつくられた元素が、あなたの身体のなかにあるからなのです。少しだけ本をおいて考えてみてください。あなたの身体は宇宙で最も激しい爆発でしかつくられることのない物質でできているのです。なんと想像をかきたてられることでしょう……少々恐ろしくもありますけれど。

幸い、激しい最期を遂げる運命にある巨大な星にはいいこともあります。ほとんどの星は超新星爆発を起こすほどの質量をもちません。そのかわり生涯を通して水素からヘリウムへ、ヘリウムから炭素へと核融合を続け、やがて中心部における核融合反応が弱まり止まります。宇宙にあるのがこうした星だけだったとしたら、宇宙空間にあるのは主として、水素、ヘリウム、炭素など、生命をつくるにはかなり限定的な材料しかなかったことでしょう。宇宙に存在する重い元素はすべて、超新星元素合成として知られるプロセスのなかで、超新星の猛烈な熱とエネルギーによってのみつくられるのです。

　超新星爆発のほんの数秒間に膨大なエネルギーが放出され、爆発はつかの間、どんな星の中心部よりもはるかに高い温度を生み出します。そうした超高温がコバルトからウランまでのすべての重い元素とその同位体をつくり出します。同位体とは、同じ原子において原子核の中性子数が異なるものをいいます。同位体のなかには、余分な中性子を放出しながら一定の速度で時間をかけて放射性崩壊するものもあり、放射性同位体とよばれています。

極超新星とガンマ線バースト

　近年、科学者は極超新星（hyper nova）とよばれる、特定のタイプの重力崩壊を区分しました。通常超新星は、核反応暴走もしくは重力崩壊の結果の、星の爆発に特徴づけられます。しかし、質量が太陽の15倍ほどもある星の場合、星の中心部の崩壊物質から生まれる外向きの爆発のエネルギーは、重力に勝って外側の層を吹き飛ばすには不十分です。爆発で重い元素を宇宙に放出するのではなく、星の質量のほとんどが自分自身の重力で崩壊し、ブラックホールがつくられます。質量の一部のみがガンマ線バーストとよばれる高エネルギー粒子のジェットとして宇宙に逃げ出すことができるのです。ガンマ線バーストは、宇宙で起こると知られているなかでも、最も明るい爆発現象です。

　ガンマ線バーストは、つかの間の集束された光線で、非常に強力です。これまでのところ天文学者によって観測されたのは（1日にほぼ1回）、非常に遠くの銀河から発せられたものだけです。もしガンマ線バーストが天の川銀河で起こり、地球がその進路にあたることがあれば、結果は壊滅的でしょう。地球は大量の紫外線放射を浴びることとなり、磁気圏という強力な防衛線でもほとんどの生命体の死を防ぐことはできません。実際、ガンマ線バーストにさらされたことこそが、4億5000万年ほど前のオルドビス紀末の大量絶滅の引き金になったのではないかと考える科学者もいるのです。

この極超新星のコンピューター画像では、死にゆく星の中心部からきらめくガンマ線バーストが噴出している。

タランチュラ星雲として知られる30Doradusは、大マゼラン雲とよばれる銀河に存在する、巨大な星形成領域。その中心では何千もの質量の大きな星が物質を噴出させ、強烈な放射と強力な風を生み出している。

太陽の激しい子ども時代

ある特別な放射性同位体によって、科学者は太陽の起源を46億年以上前に起こった超新星爆発にまで遡ることができました。大質量星の晩年には、ケイ素の核融合によってつくられた鉄のいくつかが中性子をもう1つ取り込み、150万年の半減期をもつ ^{60}Fe になります。この ^{60}Fe は星の中心部に留まり、超新星爆発によって星が崩壊するときにのみ、宇宙に飛び出すことができます。

^{60}Fe は長期間にわたり一定の速度で放射線を放出するので、科学者は ^{60}Fe を一種の時計、すなわち太陽形成初期の超新星活動のマーカーのように使うことができます。太陽のだいたいの年齢はわかっているので、誕生したときにつくられたであろう ^{60}Fe のうち、どのくらいが今日までに崩壊したのかを推定することが可能です。そうであるならば、それだけの崩壊が見られる ^{60}Fe を探せばよいのです。

これは2000年代の半ばに何人かの科学者がすでに行っています。アリゾナ州立大学の天文学者は、超新星爆発で噴き出した放射性同位体が太陽の原始星を形成しつつあったガスや塵と混ざり合った、という理論を立てました。しかし、超新星から出た物質には、形成されつつあった太陽系を漂う岩石になるものもありました。科学者は、最終的にそれらの岩のいくつかが隕石として地球に落下したに違いないと理論立てたのです。そして太陽系が誕生したころまで遡る隕石を調べ、私たちの太陽をつくり出した原始星が超新星爆発にさらされていたとしたらあるだろうと予想される量と一致する、大量の ^{60}Fe を発見したのです。

これらの発見にもとづき、46億年前に巨大な塵の雲のなかで、巨大な星が生まれたのではないか、と考える天文学者がいます。非常に高温のガスはガス球となり、周辺の塵は小さな原始星の集団を形成し始めますが、そのなかに太陽となる原始星があったというのです。巨大な星が超新星となったとき、幼い星が ^{60}Fe とかたまりをつくり、原始星のいくつかに火をつけました。この理論によれば、このときの超新星爆発は私たちの太陽をつくり、またそれを証明するDNAを残したことになります。

^{60}Fe 論争

近年、超新星爆発による誕生理論は、シカゴ大学の科学者による攻撃の対象になっています。2012年、同大学の研究者チームが、アリゾナ州立大学の研究者チームが調査したものと同じ隕石を調査しました。その際、放射性同位体レベルの測定エラーの原因となりうる不純物を取り除くために、アリゾナ州立大学チームとは異なる方法を用いました。不純物を取り除いた結果、シカゴ大学チームが発見した ^{60}Fe はアリゾナ大学チームが発見した量よりもはるかに低いレベルのもので、太陽の誕生に超新星爆発が関係していたことの確実な証拠は何も発見できなかったのです。相反する調査結果は太陽形成の初期について新たな推論を生み、解決に何年もの時間と膨大なデータが必要になるであろう論争に火をつけたのです。

ガスや破片を噴き出している超新星のイメージ図。

核融合：結合のエネルギー

　太陽の原始星である塵のかたまりが臨界温度に達したときに核融合反応が起こり、水素のヘリウムへの変換が始まりました。この水素の核融合が始まった瞬間、私たちの太陽は「星」になったのです！　太陽はその生涯の90％を、核融合による物質の変換をしながら過ごすことになります。

　科学者が主系列星あるいは矮星とよぶ太陽のような星が、すべての水素をヘリウムに変換するのにどのくらいの時間がかかるのかということは、その星の質量と光度の2つの要素で決まります。質量は燃焼のための燃料がどれくらいあるのかを表す尺度であり、光度はその燃料をどれくらいの速度で燃焼するのかを表す尺度です。

　典型的な水素の原子は、1つの陽子をもつ原子核の周りを回る、1つの電子をもっています。ヘリウムには8つのタイプが知られていますが、太陽の内部で起こっている核融合についてはそのうちの3つだけを理解すれば十分です。これら3つは原子核にある（ないこともありますが）中性子の数によって変わります。ヘリウム2の原子核には中性子は存在せず、2つの陽子のみが含まれており、ジプロトン（diproton：diは「2つの」の意）とよばれています。ヘリウム2は不安定で、すばやく崩壊して水素に戻ってしまう傾向があります。ヘリウム3の原子核には2つの陽子と1つの中性子が含まれます。地球上では非常に珍しい存在ですが、月の表面には大量に存在すると考えられています。ヘリウム4の原子核には2つの陽子と2つの中性子が含まれます。ヘリウム4は地球で最も一般的なタイプのヘリウムです。気球を浮かせたり、声を高く変えるために子どもたちが大喜びで吸い込んだりするものです。

あっという間に変身！

　2つの陽子をもつ原子が、いったいどうやって、突然1つの陽子と1つの中性子をもつ原子になれるのかと、不思議に思うかもしれません。2つのうち1つの陽子が、どうしたらマジックのように中性子に変身できるのでしょうか？　確かに、めったに起こることではありませんが、可能なのです。β^+崩壊では水素原子から陽電子（電子の反物質バージョン）と電子ニュートリノが放出されます。

　すべての陽子と電子のなかには、クォークとよばれる内部構造をもたない粒子があります。クォークは通常アップクォークかダウンクォークの2つのタイプで存在しています。電荷はより大きな核子内部のアップクォーク、ダウンクォークのバランスによって決まります。

　陽子が陽電子を放出するとき、なかにあるアップクォークのいくつかが、ダウンクォークに変化します。これが陽子の電荷に影響し、陽子は正から中性に変わります。すると陽電子は反物質なので、すぐさま電子と衝突を起こし、そして電子を消滅させます。しかし、両方の粒子の運動エネルギーは、ガンマ線として放出されます。このガンマ線の存在は、そこに陽電子と電子が存在していたことを私たちが知るための鍵のひとつなのです。

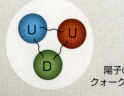
陽子の
クォーク構造

中性子の
クォーク構造

　太陽と、太陽と同じくらいの大きさのほかの星は、陽子－陽子連鎖反応とよばれる核融合のプロセスで水素をヘリウムに変換します。これは複数の段階からなるプロセスで、物理学者がこれを理解するのには何十年もかかりました。ここにご紹介するのは単純化したものです。

　ステップ1：とてつもない高温高圧のもと、それぞれ陽子を1つずつもつ水素の原子核2つが融合し、ヘリウム2をつくります。

　ステップ2：ヘリウム2は非常に不安定でほとんどの場合瞬く間に崩壊して水素に戻ります。しかし、時折ヘリウム2はβ^+崩壊といわれるプロセスを経ることがあります。そこで2つのうち1つの陽子が陽電子とニュートリノの2つの素粒子を放出して、中性子に変化します。1つの陽子と1つの中性子をもつヘリウム2になるわけですが、この物質はデューテリウムあるいは重水素とよばれます。

　ステップ3：高温高圧で1つの陽子と1つの中性子をもつデューテリウムが1つの陽子をもつ水素と結合し、2つの陽子と1つの中性子をもつヘリウム3がつくられます。

　ステップ4：ヘリウム3原子が2つ、あわせると4つの陽子と2つの中性子をもちますが、これらが結合し、原子核に2つの陽子と2つの中性子をもつ、ヘリウム4原子が1つつくられます。このとき副次的に原子核に1つの陽子をもつ2つの水素原子ができます。

このプロセスでは、毎回13メガ電子ボルトのエネルギーが放出されます。6240億メガ電子ボルトで100ワットの電球がようやく1秒点灯することを考えれば、13メガ電子ボルトというのはそれほどの量には聞こえないでしょう。でも、思い出してみてください。それがたった4つの水素原子を消費するプロセスで生み出されるエネルギーなのです。そして太陽にはたくさんの水素原子があるのです（これからさらに54億年水素だけを燃やし続けられる量です）。ですから、陽子－陽子連鎖反応による1回の核融合では、相対的にいえばきわめてわずかなエネルギーしか放出されませんが、巨大な太陽の全体で非常に多くの核融合プロセスが同時に起こっているわけで、放出されるエネルギーは、常にとてつもない量なのです。

太陽内部の水素の核融合

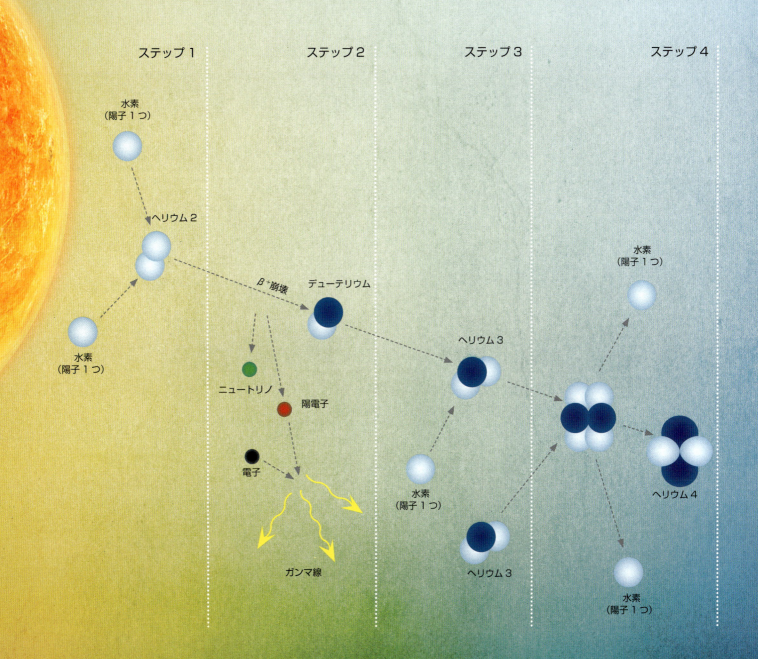

2人なら仲間

　驚くほどたくさんの星がパートナーをもち、2つの星がお互いの重力が相殺される共通の重心の周りを回る、連星系として存在しています。つい最近まで、最も見つけやすいのは大きく明るい星でした。その結果、かつての天文学者は、私たちの銀河にある星の60%以上が連星系として存在すると、誤って推定していました。しかし技術の進歩により、現代の天文学者は、天の川銀河の圧倒的多くの星は冷たく低質量であり、燃焼するための燃料である水素を使い切ってからかなりの時間が経っているということを発見したのです。

　こうした冷たい低質量の星の場合、連星で存在するのはほんの3〜4%にすぎません。これをふまえると、連星系は例外的なものであって標準ではないのです。しかし、私たちの太陽のように、平均的な質量で平均的な光度の星の場合、ほぼ半数が連星として存在します。

　連星系の星を見つけるには3つの方法があります。実視連星は名前からわかるように、肉眼もしくは望遠鏡で見つけることのできる連星系です。しかし、多くの場合は明るいほうの星によってパートナー星の視覚的検出は難しく、単独の星のように見えてしまいます。こうした場合は、分光法という、星の構成と相対的な動きを明らかにする方法によって見つけることができます。最後に、天文学者は星の軌道のぎこちなさから、連星系の存在を推測することができます。伴星が見えず、何もない空間で周回しているように見える星があるのですが、天文学者は長い時間をかけて、正確な星の動きを測定することにより、質量エリアがあるべきところを推測できます。このようにして判明する連星系は、位置天文的連星といいます。

　まるで家族向け住宅のようですが、連星系は、分離型連星、半分離型連星、接触連星（連星系のタウンハウスのようなもの）のいずれかのかたちで存在します。たいていの連星系は分離型連星で、いずれの星の重力も相手星の物質に影響を及ぼしません。実際には分離型連星の2つの星は別々の生涯を送ります。半分離型連星の場合は、一方の重力が優勢になり、優勢なほうの主星が劣勢な伴星の表面にある物質を吸い込むほどになります。こうした連星系は、伴星から奪われた過熱状態のガスが、主星の周りに土星の環のような降着円盤をつくることがあるため、発見されることがあります。接触連星では、それぞれの星にある物質が他方の星の重力の影響を受けます。2つの星は大気を共有し、条件によっては完全に融合することもありえます。

緑がかった色は「外層」から逃げたガスのジェットを示す。星を形成する、崩壊するガスや塵のかたまりである。上段左と上段中央の2枚には、外層に双子の星が形成されている。科学者はその他の写真の外層でも連星が形成されると考えている。

長らく音信不通の太陽の兄弟?

　太陽と同じくらいの大きさと明るさをもつ星の約半数が連星系であるのなら、ひょっとして太陽にも私たちに見つけられていないだけで、伴星が存在するのでしょうか? 太陽が同じような質量や温度や光度をもつ星団のなかで誕生したことについては、天文学者の見解は一般的に一致しています。たいていの科学者は、誕生地を離れて別々の道を歩み始めてから43億年もの間音信不通になっている、太陽の兄弟のどれかを特定できるのではないかという考えを退けます。それでも探し続ける科学者はいます。しかし、150度ほどの冷たい赤色矮星を検知できるほど強力な赤外線望遠鏡を使った大規模な探究にもかかわらず、太陽の伴星を発見した掃天観測は皆無なのです。

比較的若い連星系のこのイメージ図では、手前の星の周りにある内帯の岩石や塵が、
地球のような惑星を形成しているのかもしれない。

　それでもなお、ほかの位置天文的連星のように、太陽の伴星の存在は天文学的な異常現象から推論できると信じる科学者はいます。そうした科学者は第一に分点の歳差を指摘します。1年を通し毎晩空を観測すれば、星の位置がゆっくりと空を横切って動いていることに気づくでしょう。この動きは、地球が太陽の周りを公転していることで私たちの視点が移動し、星の見え方が変わることによるものです。

　分点の歳差はもう少し複雑です。想像してみてください。空を毎晩眺めるのではなく、20年の間、毎年同じ日の夜、同じ時刻に、空のスナップショットを1枚撮るとします。そうすると、時間とともに星が後ろに動いているように見えることに気づくでしょう。それが分点の歳差、あるいは歳差運動といわれることなのです。天文学者は歳差運動が円軌道をたどっており、理論上は、1周してもとの位置に戻るのにおよそ2万6000年かかることを算出しました。

太陽の誕生　39

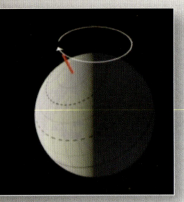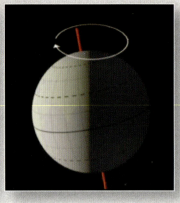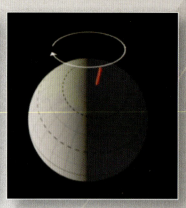

歳差運動は回転軸の振れにより軸上の地球がゆっくりと揺れることによって引き起こされると考えられている。この回転の周期はおよそ2万6000年。

　毎年同じ夜の同じ時刻にスナップショットを撮るわけですから、歳差運動は地球が太陽の周りを公転していることによる錯覚ではありえないはずです。ほかの何かがずれをもたらしているのです。歳差運動は、地球が自転をしながら、回転軸上でゆっくり揺れていることが原因であると最初に主張したのはアイザック・ニュートンでした。地球のてっぺんから底までを貫いている棒を想像してみましょう。地球が棒（回転軸）を中心に自転するのと同時に、棒（回転軸）そのものが、両極の先でコーンを描くように振れます。地球がこの円を1周するのにおよそ2万6000年かかります。ほとんどの科学者は、この揺れは月と太陽の潮汐力の相互作用の結果で、それで分点の歳差は説明できると考えています。

　しかしこれには問題があります。地球の回転軸のゆっくりしたふらつきが分点の歳差の原因だとしたら、それは私たちの視点が動くことによるもので、地球から見るものすべてに影響するはずです。太陽系にある物体は歳差運動をしているようには見えないと主張する天文学者もいます。太陽系の外にある物体だけに歳差運動があるというのです。この場合、地球のふらつきは歳差運動の原因ではありえません。なかには、太陽系にある物体が歳差運動をしているように見えないことが太陽の伴星の存在を証明していると主張する天文学者がいます。太陽が連星系の一部だとすれば、太陽系全体が伴星と共通の重心の周りを回っているはずです。連星モデルは、太陽系の外の物体には歳差運動があり、なかにある物体にはないことの完璧な説明になると、彼らは主張するのです。

　太陽に伴星がある証拠として用いられるもう1つの議論は、何千年もの公転周期をもつ長周期彗星と関連しています。これまで観測されたことはありませんが、天文学者は、太陽系の外縁は、オールトの雲とよばれる高密度の冷たい岩石の領域で囲まれていると考えています。この冷たい岩石は、太陽系形成初期のころに木星、土星、天王星、海王星などの巨大ガス惑星から投げ出された岩屑だと考えられています。天文学者の多くが、長周期彗星はオールトの雲に由来すると考えています。時折オールトの雲の外側を通過する物体の重力が雲のなかにある冷たいかたまりを乱し、かたまりを太陽系の内側に突進させることがあります。その一部は太陽に飲み込まれてしまいますが、その軌道によっては、太陽の重力によって太陽の周りで飛ばされ、太陽系にはじき飛ばされるものもあります。このことにより、彗星となったその物体の軌道は、周回に何百年もかかるものに延びることになるのです（途中で何かに衝突することがないという前提です）。

　なかにはこうした長周期彗星の分布がランダムではないと主張する天文学者もいます。彗星はオールトの雲のなかの特定の位置に起源があるように思われ、似たような軌道を描いて長周期の周回軌道に放り込まれているというのです。彼らにとってこれは、周期的にオールトの雲を乱す、かなりの重力をもった何かの存在の証拠です。彼らの多くが2万6000年ごとに周回する太陽の伴星が長周期彗星のこの規則的な分布を説明すると主張します。

　1980年代の半ばに、異なる2つの天文学者チームが、おそらく赤色矮星だと思われる太陽の隠れた伴星が、オールトの雲の外の太陽からおよそ1.5光年のところを周回しているとの仮説を立てた学術論文を発表しました。彼らはこの仮定的な恒星を「ネメシス」とよびました。また、その周期が地質学的記録にある地球上の大量絶滅の周期と一致することから、「死の星」ともよばれます。彼らの推測によれば、すれ違う2つの星が天の川銀河に及ぼす力と重力の影響によって、ネメシスの軌道が鋭い楕円形になり、大量絶滅と一致するオールトの雲の周期的な乱れが生じたことになります。

2011年、マックス・プランク天文学研究所の宇宙物理学者コリン・ベイラー・ジョーンズは、巨大な物体が地球に激突する頻度の説明になるであろうパターンを求めて、地球のクレーターを分析した研究論文を発表しました。彼は、衝突の規則的な周期の証拠というのが、実は統計上の誤差であったことを発見したのです。彼の分析によれば、2億5000万年ほど前から、物体が地球に衝突する頻度は高まっているのです。高まりの原因が何であるにせよ、それは太陽系のすぐ外を動いている「死の星」ではありえません。ベイラー・ジョーンズの論文は、増えつつあった熱心なネメシス論者に冷水を浴びせました。それでもなお、強固なネメシス論者は、長らく消息不明となっている太陽の兄弟を探し続け、その発見が予示すると考えられる地球滅亡の日に備えようとしているのです。

ネメシスはどこに？

長いこと消息不明の太陽の兄弟が存在するなら、見つけられていない理由のひとつは、ネメシスが低温でほの暗い赤色矮星であり、その長い楕円形の軌道上で太陽系に近づくのが2万6000年に1度だけだということかもしれない。

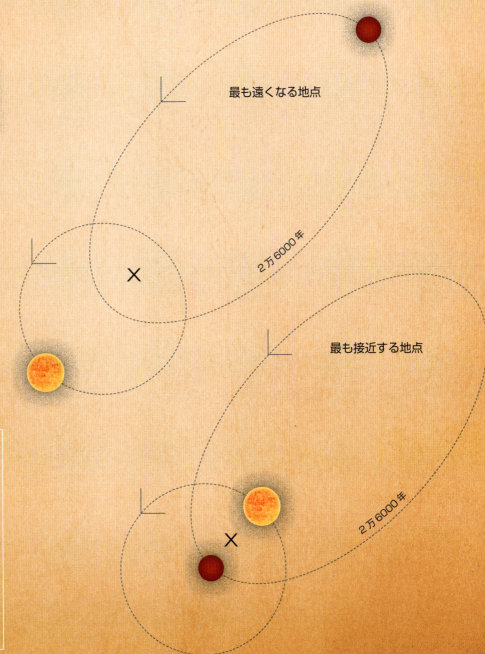

最も遠くなる地点

2万6000年

最も接近する地点

2万6000年

太陽
ネメシス
× 共通の重心

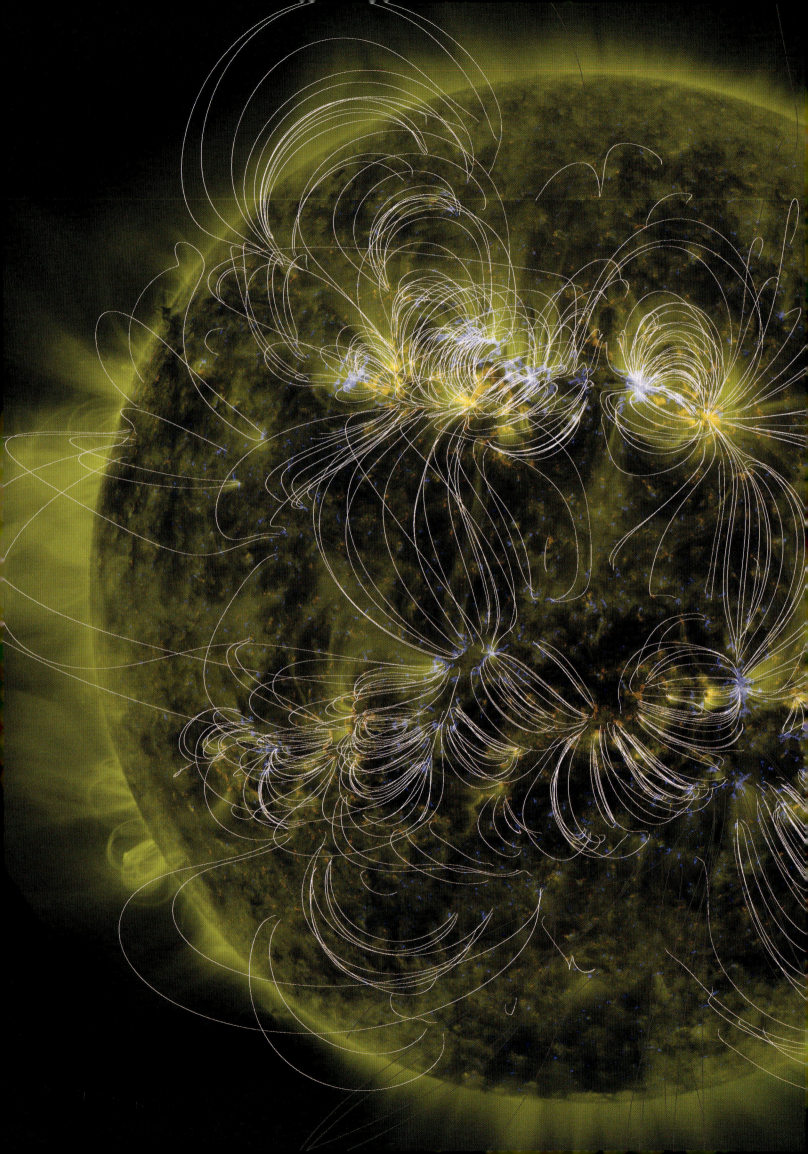

2

太陽の構造

　私たちにとっては特別な意味をもつ太陽ですが、大きさと明るさから考えれば、ごくごく平均的な恒星です。太陽のような恒星はG型主系列星として知られています。しかし言葉に惑わされてはいけません。星の基準で「平均的」というのはかなり巨大です。たとえば、私たちの太陽は太陽系の全質量の99.86％を占めます。直径はおよそ140万kmです。もし、これがたいしたことではないと思うなら、想像してみてください。地球を並べて太陽の直径に相当する距離にするには、地球が109個以上必要です。別のいい方をすれば、史上最速の飛行機である、アメリカ航空宇宙局（NASA）の無人試験機X-43A（最高速度は時速1万2144km）で飛んだとしても、太陽の片側からもう片側まで飛ぶのには、まる5日ほど飛び続けなければならないのです。

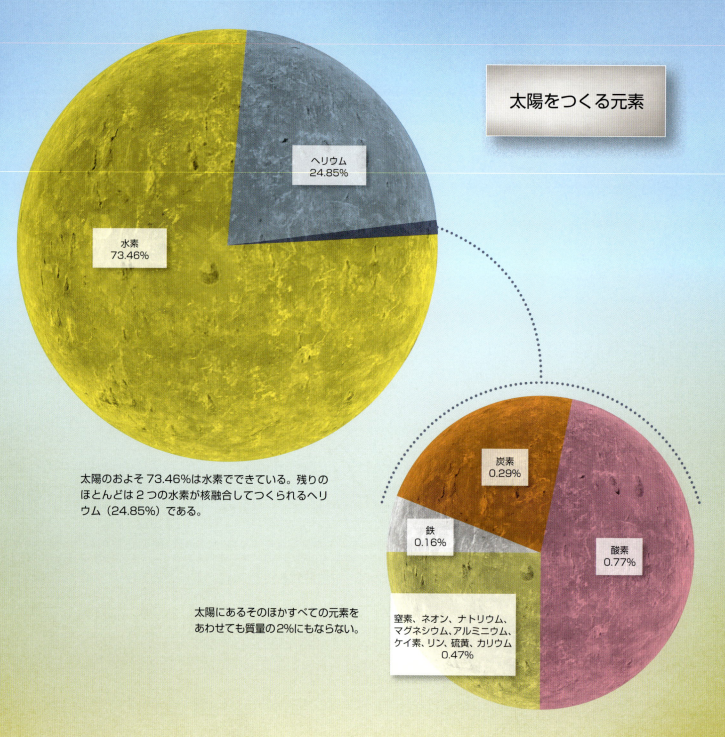

太陽をつくる元素

水素 73.46%

ヘリウム 24.85%

炭素 0.29%

鉄 0.16%

酸素 0.77%

窒素、ネオン、ナトリウム、マグネシウム、アルミニウム、ケイ素、リン、硫黄、カリウム 0.47%

太陽のおよそ73.46%は水素でできている。残りのほとんどは2つの水素が核融合してつくられるヘリウム（24.85%）である。

太陽にあるそのほかすべての元素をあわせても質量の2%にもならない。

太陽をつくる層

　太陽の「片側」からもう「片側」までというのは、少々誤解を招くいい方です。太陽には表面といえるものは存在しないのです。飛行機が着陸できるような硬いところはどこにもありません（X-43Aのような最新鋭の飛行機でさえもです）。実際、太陽を構成している物質は、地球をはるかに超えて太陽系に広がっています。ですから、正確にいえば、太陽系にある、8個の惑星を含むすべてのものは、太陽の「なかに」存在するのです。とはいえ、中心核とその周りを取り囲むいくつかの層を太陽と考えるほうがわかりやすいでしょう。内側の層は表面の光球で終わり、その光球の周りは、ぼんやりした大気のようなものが取り囲んでいます。

　「ようなもの」と書きましたが、それは太陽のほとんどがプラズマでできているためです。プラズマは物質が加熱された状態のひとつで、気体がそうであるように、手にもてるようなはっきりした形や容積をもちません。地球にいる私たちは、物質は固体と液体と気体の3つのうちのいずれかの状態で存在するものと考えます。しかし実際には、宇宙にある物質のほとんどは、プラズマという第4の状態で存在します。物質を非常に高温にすると、その原子は「イオン化」とよばれる現象を起こします。簡単に説明すると、膨大な量のエネルギーが原子に加えられ、電子が活発になって原子から飛び出すときに、イオン化が起こります。プラズマは、負に帯電する非常に活発な電子と、電子が原子を飛び出した後に残る、イオンとよば

長くねじれたプラズマのループが、コロナのなかで浮遊しているように見える。

れる正に帯電する粒子で構成されています。イオンは電荷を運ぶことができるため、プラズマは非常に強力な電気伝導体となる傾向があり、電磁力に非常によく反応します。

ほかのすべての恒星と同じように、太陽は全体がプラズマでできています。太陽系の惑星間空間にもプラズマがあります。星間空間の多くも同様です。

私たちは太陽には表面も大気もあるように話をしていますが、2つの区別はそれほど明確ではありません。表面は硬いわけではなく、太陽の大気中にあるのと同じプラズマでできていて、ほんの少し密度が高いだけです。太陽の大気中にある密度の低いプラズマは、外側の境界をさらに曖昧なものにします。私たちは太陽系を膨大な空間で隔てられた別個の物体(太陽、惑星、小惑星など)の集まりであるかのように考えがちですが、実際には、これらすべての物体が浮かぶ巨大なプラズマの海のようなものなのです。本当のところ、太陽大気は密度を徐々に薄めながら太陽系の外側の縁まで広がっているのです。これを前提にすれば、太陽系にあるすべてのものは途切れることなくつながっていて、本当の意味で太陽の「なかに」存在しているものと考えることができるでしょう。

中心核

　太陽の中心核の半径は太陽全体の 25％ほどです。それでも X-43A が中心核を横断するのには丸 1 日以上の飛行が必要になります。しかし、平均の温度がおよそ 1570 万度ですので、ハイテク機といえども、旅を終える前に溶けてしまうでしょう。中心核は太陽のなかで最も高温の部分ですが、太陽系全体のなかでも最も熱いところです。中心核は太陽の体積のほんの 1.5％を占めるにすぎませんが、太陽のほぼすべての熱の源なのです。

　中心核のなかでは、その重力と圧力とで水素が核融合反応を起こしてヘリウムになり、膨大な量のエネルギーが放出されて、太陽の各層を次々外側に突き抜けていきます。私たちは太陽を驚くほど強力な炎のかたまりと考えがちで、事実その通りではあります。しかし、理論モデルによれば、太陽の中心での電力生産密度（それぞれが生み出すエネルギーの量）は、堆肥の山の活発な発酵熱と同じくらいの量です。太陽の膨大なエネルギー出力は、その膨大な質量によるものなのです。太陽は毎秒 6 億トンの水素をヘリウムに変換しています。それぞれの変換で生み出されるエネルギーはわずかな量ですが、毎秒 6 億トンのなかで起こっている変換が膨大な数なのです。

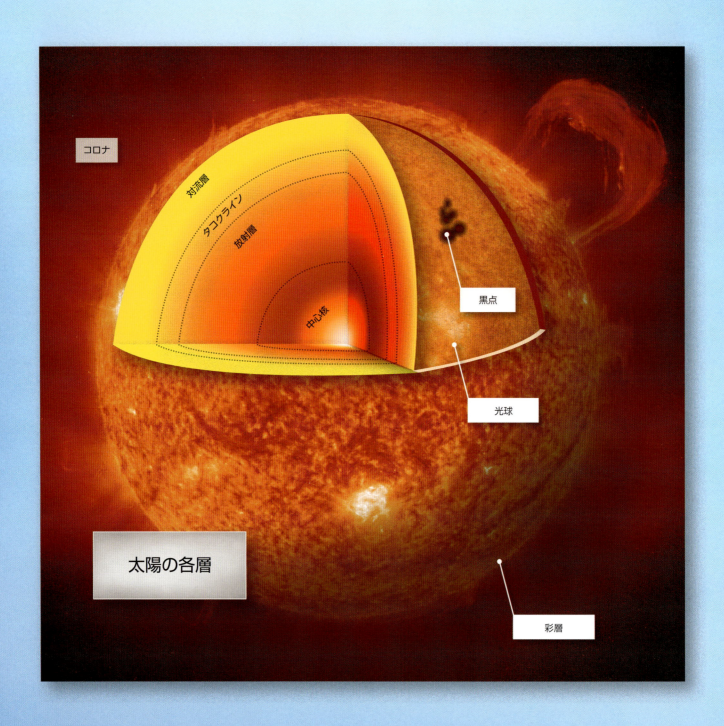

太陽の各層

中心核の平均密度は1cm³あたり150 gであり、太陽で最も圧縮された部分でもあります。これは地球上で最も高密で硬い物質よりもはるかに密度が高いということでもあります。これは、金のおよそ8倍の密度ですが、それでも太陽の中心核に立つことはできないでしょう。中心からはたらく途方もない重力による圧力が、途方もない熱を生むため、物質が形のある固体でいることができないのです。

放射層

　放射層は、中心核の外側から半径の70％ほどの位置まで広がっています。この領域が放射層とよばれているのは、エネルギーが放射というかたちで中心核から外側に運ばれるところだからです。放射層にある極度に熱せられた水素とヘリウムのイオンは光子を放ち、光子は近くのイオンに吸収されるまで、短い距離を移動します。この放出と再吸収のサイクルは、光子が中心核から外側へランダムなパスで移動する間続きますが、なかにはこのプロセスに何百万年もかかる光子があります。プラズマは中心核近くでは1500万度ですが、進むうちに温度が下がり、この領域の最も外側では150万度ほどになります。この領域の密度は、中心核に近いところでは1cm³あたり20 gほどですが、領域の最も外側では1cm³あたりわずか0.2 gほどに下がります。

対流層

　対流層は放射層の外側の縁から、私たちが見ている太陽の表面である光球まで広がっています。名前からわかるように、対流層は、プラズマの密度が放射によるエネルギー移動が可能なほどは高くない、太陽内部の領域です。密度（および温度）が下がるにつれ、イオンは吸収した光子を放さなくなり、エネルギー移動の性質が放射から対流に変わるのです。この領域では、熱対流が高温の物質を表面まで運び、そこで高温の物質は冷やされて再び下に落ち、領域の底部でさらにエネルギーを吸収します。

　放射層と対流層の間の比較的薄い境界であるタコクラインでは、エネルギー移送の方法が放射から対流に移行します。科学者は、この移行領域で起こる太陽物質の流動率の変化によって、太陽磁場が生まれると考えています。

エネルギー伝達の３つの方法

　エネルギー伝達には、簡単にいうと、伝導、放射、対流の３つの方法があります。伝導では、隣り合う原子がぶつかって振動し、一種のドミノ効果が起こります。伝導は、原子が密接に固まっている固体で最もよく機能します。

　放射は、小さなパケットで原子から原子にエネルギーをパスします。原子が活発になるとエネルギーのパケットが放出され、近くの原子に衝突するまで移動します。近くの原子がそのエネルギーを吸収し、活発になり、再びエネルギーを放出するようになるのです。

　対流では、エネルギーは液体の流れのように、物質の流れによって伝わります。原子がお互いを通り抜けて動くときに、エネルギーは均衡を求めて「より熱い」ところから「より冷たい」ところに移動します。対流では原子がきちんと並んで固まっている必要がありませんので、比較的密度の低い物質でのエネルギーの移動は、対流によるのが一般的です。

光球

　厳密にいえば、光球は可視光線（光子）がようやく宇宙に逃げ出すことができるところになります。私たちの視覚は太陽からやってくる光子の検知に依存するため、光球は太陽のなかで、肉眼で見ることのできる最も奥にあるエリアということになります（太陽を直視するなどということがそもそも可能なら、という前提ですが）。光子は光球に届くまで宇宙に逃げ出すことができませんので、仮に太陽のもっと奥深くを見ることができるとしても、光球より奥にあるものは真っ黒に見えるでしょう。

JAXA/NASAの人工衛星「ひので」に搭載されている可視光磁場望遠鏡で撮影されたこの画像は、大きく拡大された光球の一部。明るいところは粒状斑で、ここでは高温のプラズマが下から上がってきており、暗いところはより低温のプラズマが下に沈み込んでいくところを示す。

　目に見える最も奥の部分であることから、光球は太陽の「表面」とみなされています。厚さおよそ300kmですが、常に変化しているため、場所によって厚みはかなり変わります。光球は何百万もの粒状斑で覆われていますが、粒状斑は対流セルの最上部であり、ここでは対流層を上ってきた、平均温度6000度を超すプラズマが、宇宙に可視光線を飛ばせるほどに、ちらりと顔をのぞかせます。粒状斑がこうしてエネルギーを放出すると、プラズマは冷えて再び内部に落ちていきます。粒状斑はそれぞれ直径1000kmほどで、寿命は20分ほどです。これら粒状斑の継続的な活動によって、光球には、沸騰したシチューの表面のように、常に動いている乱流があります。

彩層

　光球のすぐ上は、彩層とよばれる、太陽大気とみなされる部分のなかで最も低い層です。光球が沸騰するシチューの表面だとしたら、彩層はシチューが音を立ててはじけているところといえるでしょう。太陽面に足をもつプロミネンスが激しく噴き上げるところです。

　彩層は厚さおよそ2000kmです。しかしその密度は光球よりはるかに低く、地球の大気よりほんの少し濃いだけです。実際、普通の状況では彩層は全く見えません。ところが、皆既日食の間は、太陽表面の周囲に見える赤あるいはピンクのリングとして、その姿を現します。彩層のなかの温度は大きく変わり、内側の境界では6000度ですが、外縁では2万度近くになります。

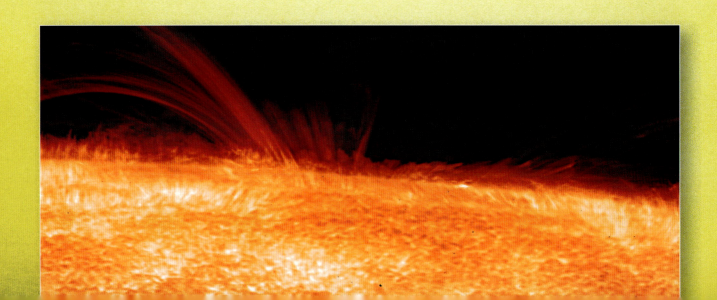

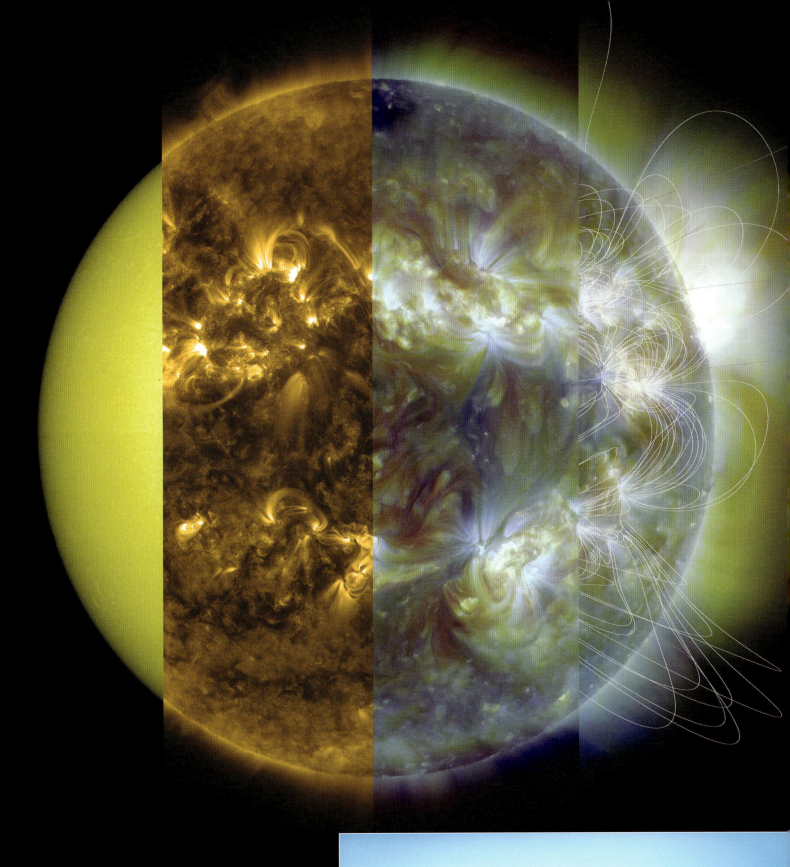

この太陽の画像は、温度の変化を示すために異なる波長を用いている。
左は約 6000 度の光球。
左から 2 番目はコロナと彩層の間の遷移層で、温度は約 100 万度。
左から 3 番目は 3 つの波長の合成写真で、200 万度までの温度を示す。
右は、黒点を結ぶ磁力線を示すオーバーレイをかぶせたもの。

太陽はどのくらい熱い？

　内部の重力と磁力の相互作用のため、太陽の温度は層によって驚くほど異なります。場所による温度変化の激しさを考えると、「太陽で最も熱いところは、どのくらい熱い？」というほうが、より正確でしょう。太陽の中心核はおよそ1570万度です。太陽の物質は、重なった層を外に抜けるにつれて温度が下がっていきます。しかし、不思議なことに、太陽大気の低い層を抜けて外に広がるにつれて、太陽の物質の温度は再び上昇します。彩層の内側の境界では、平均温度は6000度ほどです。ところが、コロナでの温度は100万度ほどに達するのです。

　何年もの間、太陽大気中で温度が上がるというこの事実は、科学者を困惑させてきました。しかし、最近になって、NASAのコロナ観測ロケットHi-C（NASAが地球の大気圏のすぐ上に打ち上げた、飛行時間10分間の小さな望遠カメラを搭載した観測ロケット）が、大きな三つ編みのような磁気を帯びたプラズマの束がコロナのなかでよじれている様子を観測しました。

　NASAの科学者は、曲がったりよじれたりする磁気を帯びたプラズマの束が、太陽表面の磁力線と相互作用を起こしているのではないかと推測しています。磁力線は磁気リコネクションとよばれるプロセスで、磁気を帯びたプラズマの束を常にまっすぐにしようとしていますが、この過程で莫大な量のエネルギーが生まれます。磁気リコネクションで解放されるこの付加的エネルギーが太陽大気の温度を上げており、太陽表面とコロナの間にあるとてつもない温度差も、それで説明できるのではないかと考えられています。

2013年1月21日にNASAのHi-Cが捉えたコロナの画像。
髪の束のようになったプラズマ（左上）が見える。

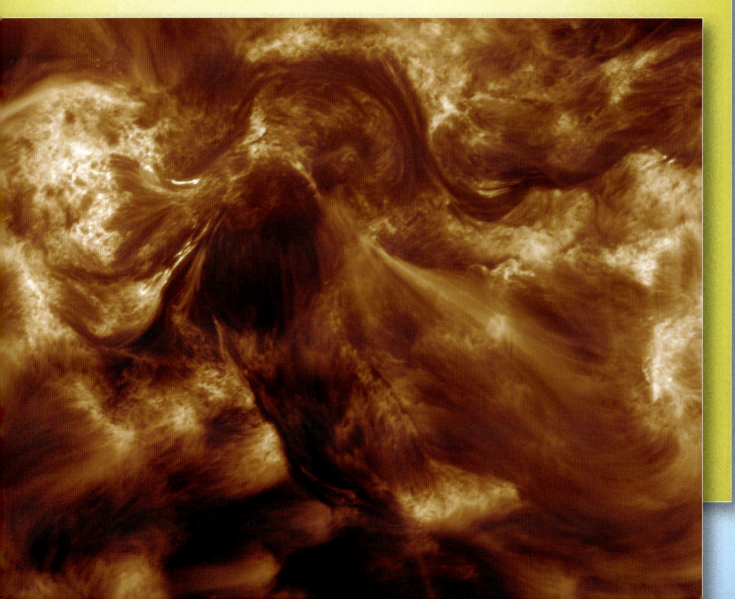

コロナ

　コロナは、太陽表面から何百万kmにもわたって広がる太陽大気の外側の層だと考えることができるでしょう。日食の間、太陽の周囲に見える、かすみのような光のリングがコロナです。太陽の周りにいつでも均一に広がっているわけではありません。コロナを形成している物質のほとんどは磁気を帯びたプラズマで、ループ形やアーチ形をつくって彩層近くに集中しています。太陽の活動が不活発なときは、コロナの物質は太陽の赤道近くに蓄積する傾向があり、両極が惑星空間に対して露出されます。活発なときには、コロナは均一に広がり、赤道から両極まで太陽を覆います。

　コロナの温度は100万度近くにまで上がりますが、これは太陽の表面よりずっと熱い温度です。20世紀半ば、科学者によって、コロナから発せられた光の分光的特徴のなかに、電離したイオンの存在の証拠（超高温でのみ形成されるものです）が発見され、コロナが高温だということが明らかになりました。

NASAのSDOから得られた活発な太陽の画像。コロナが鮮明に見える。

太陽風の発見

　現在、太陽風とよばれているものの存在を最初に示唆したのは、イギリスの天文学者アーサー・エディントンです（ただし、彼はそれを「風」とよんだことは一度もありません）。1911年、エディントンはイギリス王立天文学会で自論を発表しましたが、注目する天文学者はほとんどいませんでした。1950年代半ば、アメリカの宇宙物理学者ユージーン・パーカーは、彗星の尾が常に太陽の反対方向に伸びていることを指摘したルードヴィッヒ・ビアマンの論文に注目し、これは太陽から外に向かって吹き出す荷電粒子の風のせいではないかと考えましたが、彼の仮説は激しい反対にあいました。そのうえ、太陽風現象を示唆した彼の最初の論文は、権威ある『アストロフィジカルジャーナル』のレフェリーに掲載を拒否されてしまいました（後に編集長のチャンドラセカールの許可により、この論文は『アストロフィジカルジャーナル』に掲載されました）。その後、科学者によって太陽風の存在を裏づける証拠が次々と積み上げられ、最終的にパーカーの理論は幅広い支持を得ることになり、1967年、パーカーはアメリカ科学アカデミーのメンバーに選ばれました。

高速の太陽風は、この画像の中央上部近くに見える、コロナホールとよばれる大きく暗い領域で発生する。コロナホールは開いた磁力線と関連があり、しばしば太陽の両極近くで観測される。

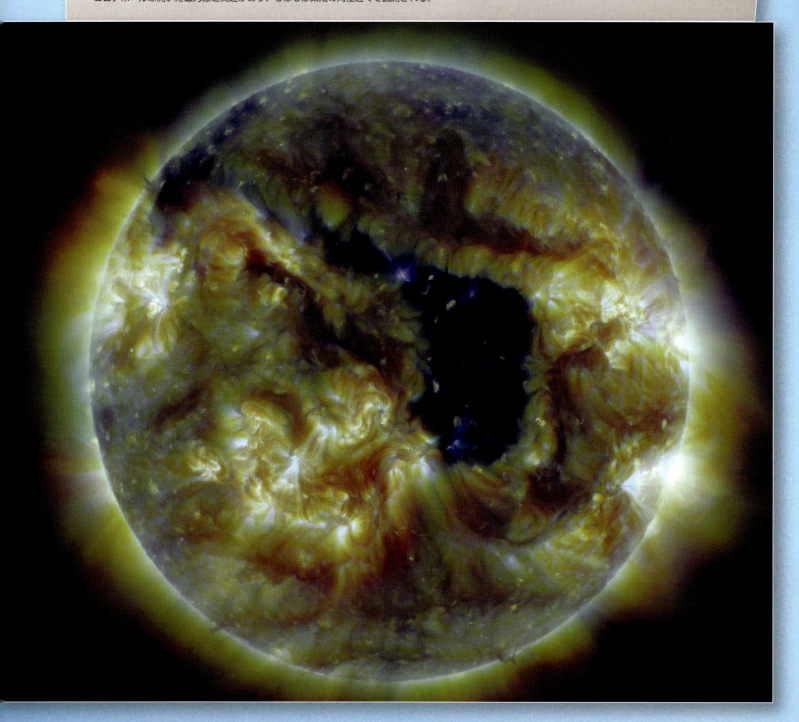

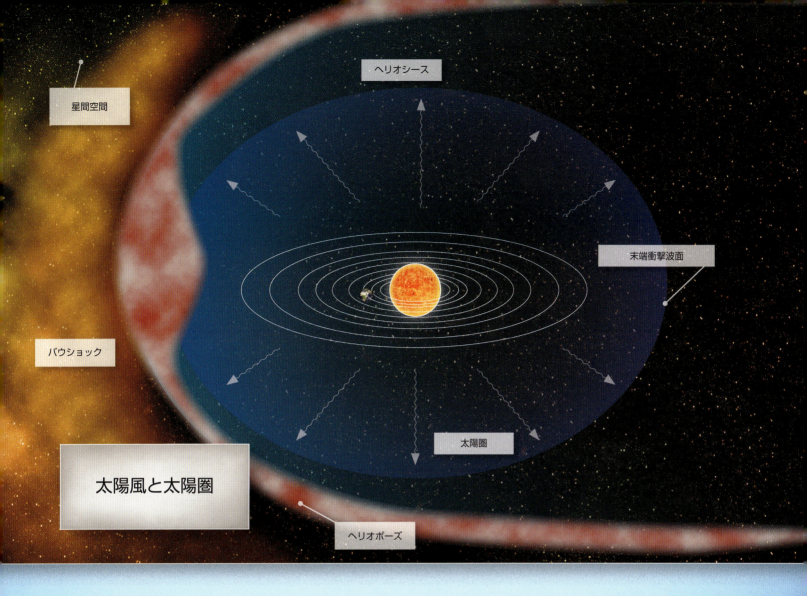

太陽風

　毎時40億〜60億トンの荷電粒子が、莫大な量のエネルギーを吸収し、太陽の重力を逃れ、太陽風として知られる低密度の放出となってコロナから外に流出します。この絶え間なく続く粒子の流れのほとんどは負に帯電した電子ですが、なかには正に帯電した陽子もあり、また、電気的には中性の（あるいは帯電していない）ニュートリノも、数は不明ですが含まれています。地球で吹く風と同じように、太陽風もスピード、温度、密度が常に変化しています。この変動性は、主として含まれる粒子の比率および全体の粒子数によるものです。

　太陽風は2種類あります。太陽の極付近のエリアを源とする高速の太陽風が1つで、平均速度は秒速約750kmです。高速太陽風は光球のプラズマの元素組成に似た粒子でできており、平均温度は約80万度です。

　もう1つは、磁気的に活発な太陽表面の赤道近くの領域を源とする低速太陽風で、平均速度は秒速400kmほどです。高速太陽風の倍近い温度で、密度も倍です。低速太陽風の成分はコロナのプラズマの元素組成と似た粒子で（より重たい元素の粒子で密度が高い）、平均温度は150万度です。

　太陽風は、帯電した粒子と磁場を太陽から外に向かって全方向に運び、太陽圏を形成しています。太陽風は末端衝撃波面とよばれる星間空間の境界面に達すると、急激に速度を落とします。最終的には太陽の磁場が星間媒質によって圧迫され、曲げられて、ヘリオシースとよばれる涙形の泡のような領域を太陽系の周りに形成し、太陽の進行方向の反対側に尾を伸ばすようにしながら、天の川銀河を移動することになります。現在は、太陽風の最前線（バウショック）での磁場の圧迫が巨大な泡をつくり、その泡がヘリオポーズとよばれる領域に沿って後ろに広がると考えられています。

太陽の自転

　太陽表面にある黒点の動きが、太陽の自転によるものであることに最初に気がついたのは、天文学者にして発明家でもあったイタリア人、ガリレオ・ガリレイです。1613年、彼は3日間連続で何枚もの黒点のスケッチを描き、黒点が太陽表面を左から右へと着実に動いていることに気づきました。1860年代には、イギリスの天文学者リチャード・キャリントンが、さらに踏み込んで、黒点の動きから太陽の自転速度を計算しました。キャリントンの観測で、驚くことに、赤道近くの黒点は25日ごとに回転し、赤道と極の中間点近くにある黒点は28日ごとに回転していることが判明しました。この違いの原因となっているのは、差動回転とよばれる現象です。差動回転は、黒点の速度差にかかわるだけでなく、黒点の存在そのものの原因でもあります。また、差動回転が、強力で激しく乱れる太陽の磁場の、唯一最大の原因だということが確認されつつあります。

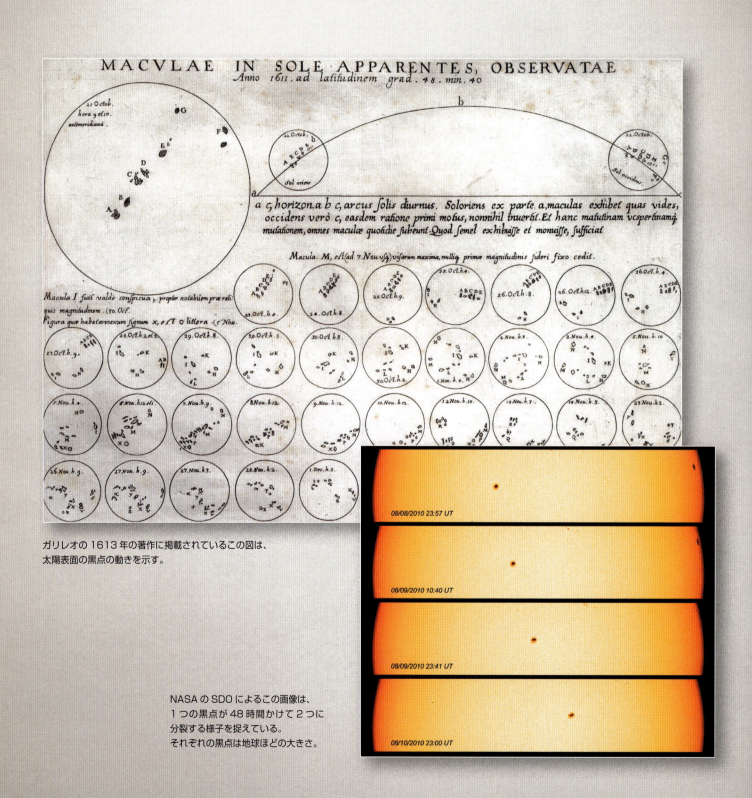

ガリレオの1613年の著作に掲載されているこの図は、
太陽表面の黒点の動きを示す。

NASAのSDOによるこの画像は、
1つの黒点が48時間かけて2つに
分裂する様子を捉えている。
それぞれの黒点は地球ほどの大きさ。

差動回転

　雪でつくった完全な球体を回転させて、なかの雪の一片がどんな動きをするのか観測することをイメージしてみてください。しっかり観察すれば、球にある一片の雪の位置と、その場所がどのくらいの速度で回転しているかの関係がわかるでしょう。赤道近くの雪はすばやく動きますが、極近くの雪はほとんど動きません。これが差動回転で、回転する物体の回転速度が物体の緯度によって異なるということです。

　太陽の差動回転が何によるものかを理解するのは、もう少しやっかいです。固体球であれば、赤道近くのものが極近くのものより速く動くのを理解するのは簡単です。赤道の外周は極近くの緯度における外周よりも長くなります。球が固体であれば、すべての物質が同時に1周します。ということは、赤道にあるものは、極近くのものよりも長い外周を動かなければならない分、速く動く必要があるわけです。

　しかし、流動性のある球体だとしたらどうなるでしょう？　物質同士が結合しているわけではないので、全部が一緒に回転しなければならないということはありません。流動性のある球体で、異なる部分が異なる速度で回転することが可能だとしたら、何がそれぞれの部分の速度を決めるのでしょうか？　その答えは、角運動量保存の法則とよばれる力学の基本的な法則と関係しています。

恒星周期と会合周期

　リチャード・キャリントンが最初に太陽の自転周期を計算した後、科学者は、太陽の赤道地点の回転周期（恒星周期）は24.47日であって、地球に設置された望遠鏡から観測する場合（会合周期）の26.24日ではないということを見つけ出しました。この差は地球の動きによって生まれる錯覚で、地球から太陽を見る場合、天文学者は地球が太陽の周りを公転していることを考慮する必要があります。公転による視点の変化によって、地球から観測される周期は1.77日長くなるということが判明したのです。

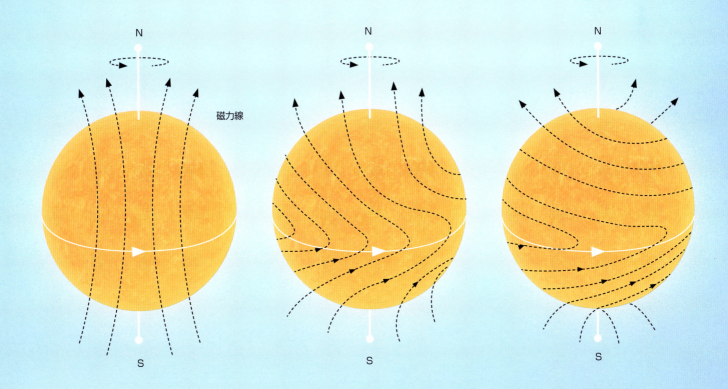

角運動量

　流動性のある物体に力が加えられると、物体を構成するすべての物質に角運動量がはたらきます。角運動量はある特定の場所で、回転軸を中心に物質が回転する速度と、その場所にある物質の量（質量）を掛けたものです。理解すべき重要なポイントは、角運動量（力）が、回転速度と質量という2つの要因と関係しているということです。

　定義を数式で書くと、より簡単に関係が理解できるでしょう。

$$角運動量 = 回転速度 \times 質量$$

　ここでは、角運動量保存の法則は、単純に、物体を回転させている力の全体量は一定であるということだと理解しましょう。物体のなかの物質をどのように動かそうとも、角運動量の総量は変わらないのです。ですから、回転する物体の質量を外縁から中心に向かって少し動かせば、物体全体がより速く回転するはずです。回転軸から遠い質量を、軸に近い質量よりも速く動かす（同じ時間で1周するために）ための力が必要ですが、軸に近づくことで、この分の力が全物質をより速く動かすために利用できます。力の全体量が物体に留まらなければならず、ほかの目的に力を利用することはできません。

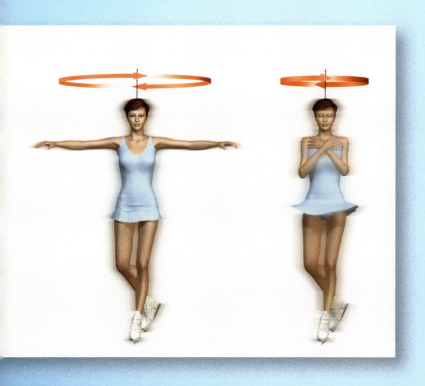

　物体が固体であれば、実際にどのようなことが起こるのか理解するのは簡単です。たとえば、フィギュアスケート選手のスピンを例に考えてみましょう。スケーターが手を身体（回転軸）の近くに動かせば、回転の速度が上がります。なぜそうなるのかを考えてみましょう。回転軸から離れた物質（赤道上）は、回転軸に近い物質（極付近）と同じ時間で、より大きな外周をカバーするために、より高速で回転しなければなりません。そしてそのためには、より多くの量の力を使う必要があります。

　しかし、どのくらい多くの力が必要なのでしょうか？その答えは、どのくらいの物質がより高速の回転をしなければならないかによります。より多くの物質が動くためには、より大きな力が必要です。もう一度、スケーターが腕を外に伸ばしているところを想像してみてください。回転の速度が落ちることが予想できます。次に、（器用にも）回転を続けているスケーターにダンベルのセットを手渡したと想像してください。スケーターの回転速度はさらに（おそらくはるかに）落ちると予想できるでしょう。角運動量保存の法則のおかげで、現在ではこうした現象の理由がわかっています。

　スケーターにダンベルを渡すことで、より長い距離を動かなければならない質量が増加しました。増加した質量を回転させるには、より大きな力が必要です。角運動量保存の法則により、私たちには、物体全体を回転させるために使える力は一定だということがわかっています。質量を動かすためにより多くの力が必要になるのであれば、回転速度に加えられる力は、その分減ることになり、使える力が増えるわけではないので、回転速度は落ちなければならないのです。

　固体の物体の場合、スケーターの腕を外に伸ばすように物質を動かせたとしても、回転周期を変えることはできません。すべての物質がきつく結合しているため、すべてが一緒に回転を終わらせなければならないのです。そして一定の周期であることによって、固体の場合、質量をより大きな回転円周の場所に動かせば、物体の回転は減速が必要になります。あるときは一部の物質だけが回転し、残りの物質は別のときに回転を完了するなどということは、選択肢としてないのです。

　しかしながら、流体であればそれほど窮屈ではありません。回転する流動性のある物体のなかの物質は、異なる周期をもつことが可能なのです。結果として、内部の物質が跳ね回る場合、物体の全角運動量は、あらゆる種類の配分が可能になるわけです。このむらのある力の配分が、（変わった特性のいくつかに加えて）太陽の磁気の多くを引き起こしているのです。

太陽内部の差動回転

　科学者は長い間、太陽表面で観測される異なる差動回転は、内側の層でも同様に起こっているものと推測していました。しかし、太陽観測のための機器の進化に伴い、太陽内部の振動を観測することができるようになりました。日震学とよばれるこのプロセスによって、太陽内部の構造について驚くべきことが明らかになったのです。タコクラインから外側では太陽プラズマは流体のように動き、異なる差動回転を見せます。一方、タコクラインの内側（放射層から中心核まで）では、太陽の物質はむしろ固体のような動きを見せ、一定の速度で回転しているのです。

　太陽での流体力学を考えれば、赤道上の物質の回転周期は、両極の物質の回転周期よりも遅くなると予想できるでしょう。両極付近の物質を回転させるために必要な力がより少ないとすれば（そしてそのあたりでは確かに物質は赤道付近より少ないのです）、保存される力によって両極での回転速度は上がるべきではないでしょうか？　しかし実際はそうではなくその反対で、赤道上の物質のほうが回転が速いのです。

　差動回転によって液体は力を保存することができますが、回転する流動性の物体の角運動量は、内部の質量の動きの影響をより受けやすくなっています。太陽では、対流層の流れが常に物質を中心から外側へと動かしています。科学者は、この物質の動きが、角運動量を太陽の外側の境界のほうに、均一にではありませんが、再配分すると考えています。物質が外に向かって進むとき、その物質は異なる速度で回転する層を通り抜けます。これらのベクトルの組み合わせが、コリオリ力とよばれる力を生み出します。この力が、太陽で赤道上の物質が極近くの物質よりも速く回転することの理由ではないかと考えられています。

太陽のふらつき

　どんなにやさしい科学の教科書にもおそらく載っていないだろう小さな秘密があります。実は、太陽は太陽系の中心にあるわけではありません。そして厳密にいえば、惑星も太陽を中心に回っているわけではないのです。惑星はそれぞれ質量中心の周りを回っています。質量中心とは、惑星の重力が太陽の重力と等しくなる、惑星ごとにそれぞれ異なる宇宙空間の地点です。小さな惑星の場合、このポイントは太陽表面のどこかにありますが、中心核よりは外になります。質量が地球の300倍以上ある木星のような大きな惑星では、力が均衡する地点は完全に太陽の外側にあります。木星は太陽内部にある地点ではなく、まさに太陽の近くの地点を中心にして回っているのです。これらの異なる回転点がすべて組み合わさると、太陽は奇妙に（でもありがたいことにほんのわずかだけ）ふらつくのです。

太陽を追いかける

　地球は、太陽の周りを約365日かけて公転しながら、天の川銀河のなかをおよそ秒速232kmで疾走する太陽を追いかけてもいます。これほどすさまじい速度でも、太陽（と太陽系にあるその他すべてのもの）が天の川銀河を周回するには2億4000万年かかるのです。

　天の川銀河のなかで地球が太陽を追いかけているように、太陽もまた銀河間のスペースを移動する天の川銀河を追いかけています。太陽がどれほどの速度で天の川銀河についていっているかについては、誰にもわかっていません。速度は相対的なもので、銀河間旅行の規模になってしまうと、共通の基準点などないのです。

太陽

太陽の磁気

太陽の磁気を理解することは、ほぼすべての太陽活動を理解するための鍵になります。磁場は電荷を帯びた粒子の流れによってつくり出されるわけですが、太陽には荷電粒子が大量にあるのです。さらにいえば、それらの粒子は押したり引いたりの競合する力に反応して、あらゆる方向に奔放に動いています。科学者は太陽の磁場のはっきりした原因とそのはっきりした影響を現在も解明しようとしていますが、NASAのSOHOミッションから得られたデータによって、どのようなプロセスになっているのかについて、非常に明確な考えが得られつつあります。

科学者は、太陽の磁場は放射層と対流層の境界であるタコクラインで生じるのではないかと考えています。タコクラインより外側のプラズマは、流体のように動き、太陽の自転に伴って差動回転を見せます。一方、タコクラインより内側のプラズマは、固体のようなふるまいを見せ、一定の速度で回転します。この境界エリアでのプラズマの物理的特性の変化は、タコクラインを、高速道路上で追越車線と走行車線を分離しているペンキで塗られたラインのように見せています。一方の車線の荷電粒子ともう一方の車線の荷電粒子との速度の差がせん断力を生み、そして電磁気力が生まれるのです。

磁気の歴史

人類が磁気のことを知ってからもう何千年にもなります。ギリシャの哲学者にして数学者でもあったアリストテレスは、紀元前624年から紀元前546年まで生きた小アジアの哲学者タレスによる磁気の考察を、記録に残しています。紀元前5世紀ごろのインドの外科医ススルタは、磁石を医療目的で利用したことで知られています。紀元前4世紀の中国の書籍では、匿名の著者が磁鉄鉱（現在マグネタイトとして知られているもの）の磁気特性について言及しています。

にもかかわらず、何が磁気を引き起こすのかについては、ほとんど知られていませんでした。1600年、物理学者で自然哲学者でもあるイギリスのウィリアム・ギルバートが、『磁石および磁性体ならびに大磁石としての地球の生理学』というタイトルの書籍を出版し、そのなかで、地球自体が磁石なのではないかと推測しています。もちろんギルバートは正しかったわけですが、その理由については、彼はわかっていませんでした。

電気と磁気との間に関連があるということがようやくわかるのは、デンマークの物理学者ハンス・クリスティアン・エルステッドによる偶然の発見があって後のことです。1820年のある日の講義中、エルステッドは、電池のスイッチを入れたり切ったりするたびに方位磁針の針が反応することに気がつきました。この偶然の発見は、エルステッドに電荷と磁荷の実験を促すことになり、彼は3か月後、電流が導線のなかを流れると磁場が形成されると結論づけた最初の論文を発表したのです。

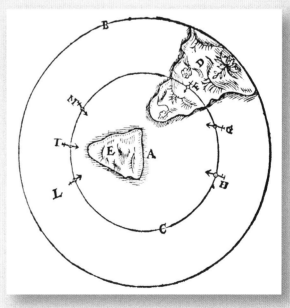

地球の北極周辺の異なる地点における磁石の反応を描いた図。
16世紀にウィリアム・ギルバートが著した磁気に関する書籍より。

磁気量のひとつである磁束は、動いている粒子に作用し、粒子をあらゆる方向に動かそうとする力が生み出すものです。太陽の回転軸の周りを回転しながら、荷電粒子は中心核から表面に向かって外方向にも進みます。競合する力の影響を受けて進みながら（特にタコクラインで）、粒子はより大きな磁束を生み出すのです。

NASAの科学者は、タコクラインで形成された磁場が力の管を形成し、磁力線となってタコクラインから外に向かって進むのではないかと考えています。太陽は場所によって異なる速度で自転していますので、磁力線は混沌としたなかで、巨大なボールに入ったものすごく熱いスパゲッティのように、巻きつかれたりねじ曲げられたりします。このように常に巻きつかれたり曲がったりすることで、荷電粒子はより大きく粒子を押したり引いたりする力にさらされることになり、さらに強い磁力を生むのです。

NASAは2017年に、SolO（Solar Orbitor）という太陽の磁気特性を正確に測定するための太陽探査機を、打ち上げようと計画しています。SolOからのデータによって、太陽の磁場の謎が解かれ、恒星内部の電磁気力について、より具体的な答えがもたらされることを、科学者は期待しています。

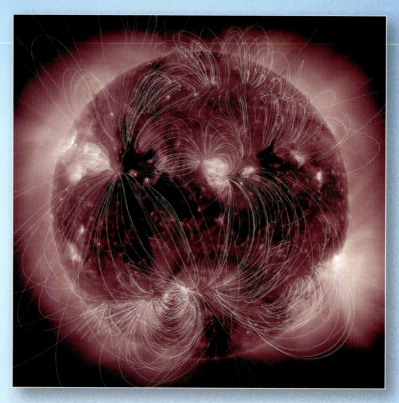

NASAのSDOからの極紫外線画像に、太陽から発せられた磁力線の地図を重ね合わせたもの。

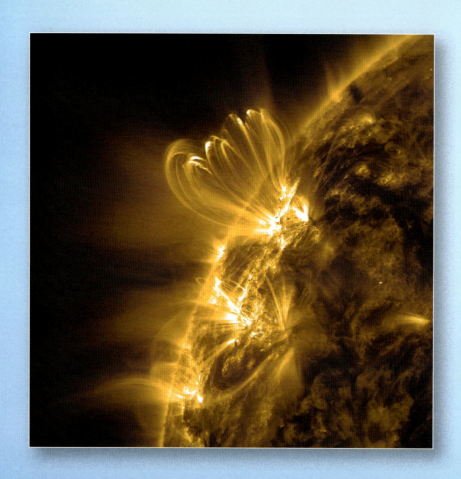

太陽フレア後、加熱したプラズマの美しい磁気ループが太陽表面上で弧を描く様子。それぞれのループの大きさは地球数個分にもなる。

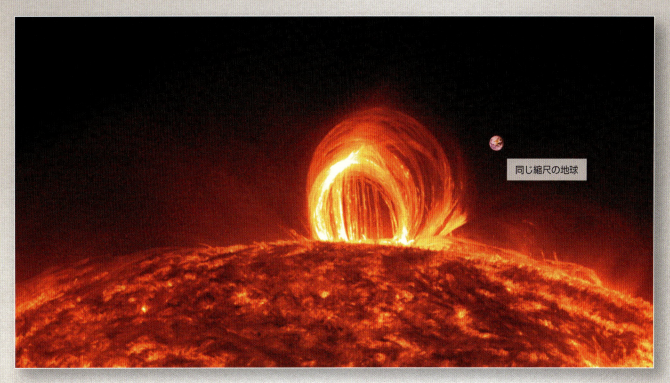

2012年7月19日、NASAのSDOが、「コロナの雨」として知られる、まばゆいばかりの現象を観測した。
爆発の後、コロナの熱いプラズマが冷却、濃縮され、磁力線に沿ってゆっくりと太陽の表面に落ちていく様子。

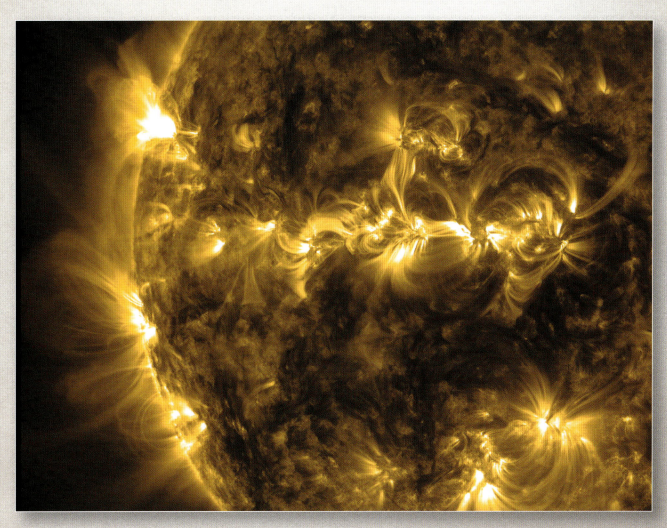

2012年9月下旬、太陽表面で、まるで複雑なリズムをきざむコンガダンスを踊っているかのような、磁気的に活発な領域が続けて観測された。

太陽の構造　61

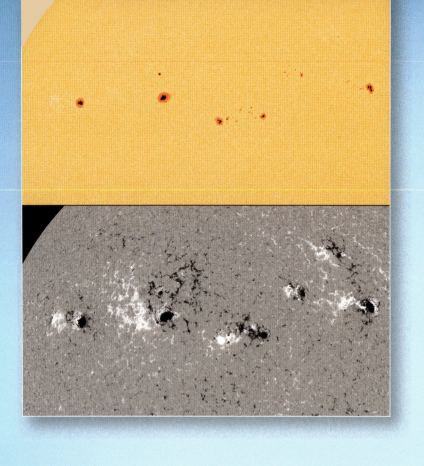

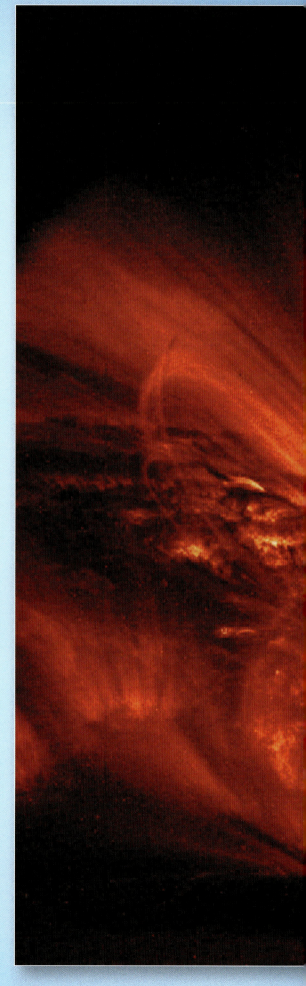

黒点

　太陽の自転と太陽内部の対流のコンビネーションは、表面下の磁力線をねじ曲げます。磁力線が曲がって太陽に巻きついていくと、磁力線に沿った磁力が激しさを増します。ときに磁力があまりに強烈になると、その力は光球を突き抜け、対流セル内部の通常のプラズマの流れを一時的にブロックします。これが起こるところでは、表面の温度が周りの領域に比べて急激に下がります。温度の低い領域は、黒点とよばれる暗い点として、太陽表面に現れるのです。

　通常黒点は反対の磁極性と対になって発生します。「先行する」黒点は「後行する」黒点の前を、太陽の自転の方向に動きます。仮に太陽表面のすぐ下に巨大なU字型の磁石があるとすれば、黒点対は磁石の両極に相当するでしょう。対の一方の黒点はN極を示し、もう一方はS極を示します。

写真上：2013年3月中旬、3日間にわたって太陽の黒点群の数が倍になった。同じ時間に撮影された下の写真は、太陽の磁場を表す。最も明るいところと最も暗いところが、磁力の最も強いところを示す。

写真右：地平線近くの明るいエリアに黒点群が見える。黒点の周囲にある白熱するガスの温度は、100万度を超える。

太陽の構造

いかなる時点においても、同じ半球に現れる極性の配置は常に同じです。すなわち、もし先行黒点がN極なら、その半球に現れるすべての黒点対の先行黒点がN極になります。また、先行黒点の極性は、常にその半球の極性とは逆になっています。つまり、太陽の北半球の極性がN極なら北半球の先行黒点はS極になり、南半球の極性はS極で南半球の先行黒点はN極となります。

一般的に、黒点の大きさは直径1500～5万kmになります。しかし、ほとんどの黒点は存続する間に大きさも形も変化します。なかには直径が12万kmほどになる黒点もありますが、これは土星と同じくらいの大きさです。最も大きなクラスの黒点は、望遠鏡がなくても見ることができます。ただし、肉眼で直接太陽を見てはいけません。

黒点は通常1日から100日程度の寿命があります。黒点群が現れると、通常50日ほどそのままです。数世紀にわたる天文学者の記録のおかげで、現在では黒点活動に関する精細な記録があります。これらの記録によると、黒点には明らかに22年の周期があります。黒点の数は最初の11年で増え、次の11年には磁場の極性が反転したうえで減少します。なお、黒点の多いときを太陽極大期、少ないときを太陽極小期とよんでいます。

科学者が正確に太陽放射を記録できるようになって以来、計測によって黒点の数は太陽放射の強さと関係があることがわかってきています。しかし、黒点そのものが太陽の放射量に影響することはほとんどありません。また、黒点の数が増えると、太陽フレアやコロナ質量放出が増えますが、この相関関係によって、黒点活動はしばしば、太陽嵐が地球や地球周辺の宇宙空間に破壊的な影響を及ぼすタイミングの予測に使われています。

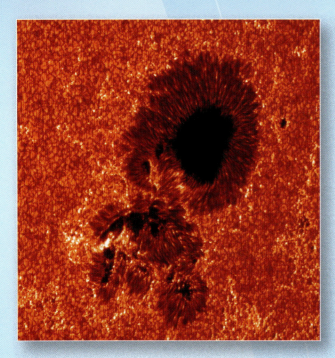

2006年12月14日に「ひので」の可視光磁場望遠鏡（SOT）が観測した、太陽フレアが起こっているときの活発な黒点。光球の粒状斑が容易に見てとれる。

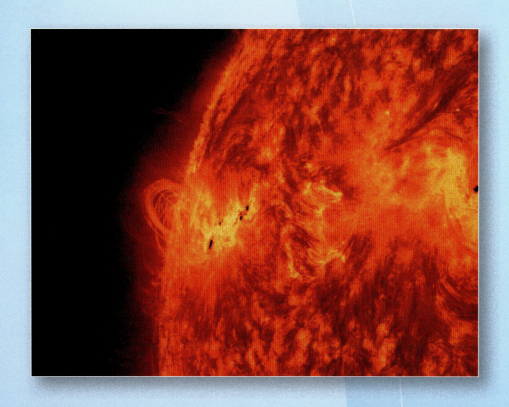

NASAのSDOが捉えたこの画像では、2013年5月15日に起こったX1.2クラス太陽フレアの発生源だった黒点を、はっきりと確認できる。

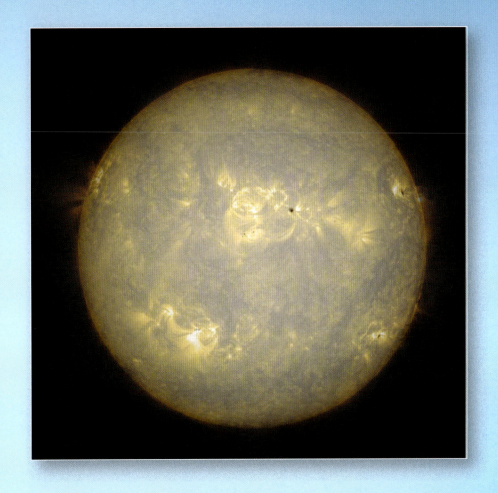

複数の画像が重ねられたこの写真では、太陽大気の下をのぞいて、黒点と太陽表面上の明るく活発な領域の相関関係がわかる。

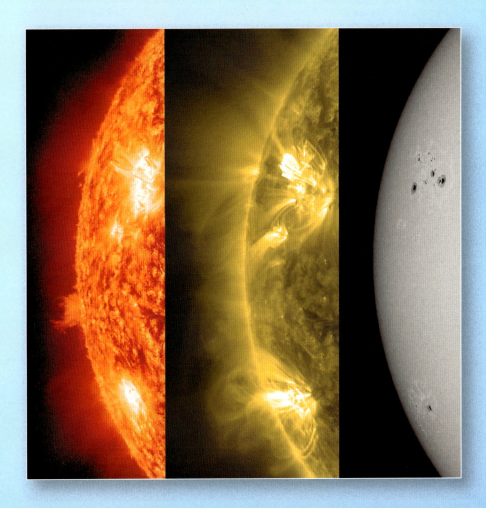

太陽の活動が活発な一対の領域を、異なる波長で捉えたもの。左はより低温のプラズマ、中央はより高温のプラズマ、右は活動の原因となっている黒点。

太陽の構造

望遠鏡による投影

望遠鏡の出現は、「テレスコーピック・プロジェクション」とよばれる技術を用いた黒点の観測を、とても簡単にしました。もしあなたが肉眼で直接太陽を見たら、完全に失明するのにそれほど時間はかからないでしょうし、望遠鏡を通して直接見たら、即失明するでしょう。望遠鏡を使った最初の人たちは、あっという間にこれを理解したに違いありません。なぜなら彼らは太陽の像を平らな面に投影するという技術を身につけたからです。ガリレオの弟子であるベネデット・カステリによって考案されたこの技術により、天文学者は、最も小さな黒点でさえはっきりと観測することができるようになったのです。

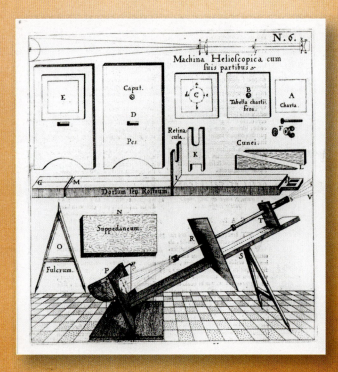

天文学者クリストフ・シャイナーの1630年の著作に掲載された図。黒点を安全に観測するための望遠鏡の組み立てや、取りつけについて説明している。

黒点を発見したのは誰？

最初に黒点を「発見」したのが誰かについては議論があります。黒点の存在を最初に記録に残したのは中国の天文学者甘徳で、彼は紀元前364年に書いた星表のなかで黒点に触れています。それからまもなく、ギリシャの占星術師テオプラストスは、天国の特質についての著作のなかで黒点に触れています。フランク王国の学者アインハルトは、その著書『カール大帝伝』のなかで、紀元814年の大帝の死の直前に現れた巨大な黒点について記載しています。

望遠鏡で観測された黒点を最初に記録した人物については諸説あって、ドイツの天文学者ヨハネス・ファブリツィウス、イタリアの天文学者ガリレオ・ガリレイ、イギリスの天文学者トーマス・ハリオット、あるいはドイツの天文学者クリストフ・シャイナーのいずれかだといわれています。1612年、シャイナーは「太陽の黒点に関するマルクス・ヴェルザーへの3通の手紙」という、名の通った科学の後援者への一連の手紙を発表しましたが、手紙はシャイナーが1611年には黒点に関する重要な研究を始めていたと主張しています。シャイナーは、イエズス会の司祭として、神の偉大な創造物としての太陽の完全さを守ることを望み、黒点は太陽と地球の間を周回する太陽の衛星であるという、誤った見解を示しています。

記録によると、おそらく1611年の春に、ガリレオがローマの天文学者たちに黒点を見せていたであろうことが示されています。その年の冬のあるとき、ヴェルザーはシャイナーの手紙の写しをガリレオに送り、ガリレオの意見を求めました。当時、ガリレオは重い病で、シャイナーの仮説に反論するための本格的な研究に着手することができませんでした。

しかし、1612年の4月、ガリレオは健康を回復し、弟子であるベネデット・カステリの助けを得ながら黒点の研究に乗り出しました。ガリレオは、黒点が太陽の表面か、あるいは太陽大気の雲のようなものだと結論づけます。

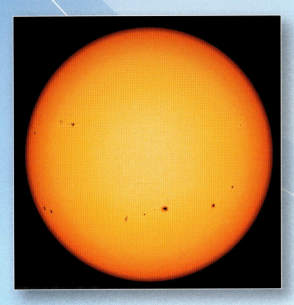

NASAのSDOが2012年夏に撮影した黒点の写真。

カメラ・オブスキュラ

ベネデット・カステリは、テレスコーピック・プロジェクションの発明が自身の功績であると主張しましたが、ドイツ人の天文学者ヨハネス・ファブリツィウスは、カメラ・オブスキュラ（「暗い部屋」を意味するラテン語）とよばれる装置を用いて、同じくらい正確に黒点を撮影していました。カメラ・オブスキュラは、一面に小さな穴のある閉じた箱もしくは部屋です。光が穴を通ると、上下が逆であることを除けば正確な像が、箱もしくは部屋の、穴のある面とは反対側の面の内側表面に投影されるのです。

このしかけを誰が考え出したかはわかりませんが、紀元前4世紀にアリストテレスが、部分日食のとき、三日月形の太陽を観測するのにカメラ・オブスキュラを用いたことが知られています。文書中で歴史上最初にカメラ・オブスキュラに触れたのは、紀元前5世紀の終わりごろの中国の思想家墨子です。しかしながら、カメラ・オブスキュラを使って安全に日食を見るための方法を歴史上最初に記述したのは、13世紀に生きた、フランシスコ会修道士で哲学者のイギリス人、ロジャー・ベーコンでした。

1647年に出版された天文学者ヨハネス・ファブリツィウスの著作より。太陽を観測するためにカメラ・オブスキュラに設置された望遠鏡を示す。

その後まもなく、ガリレオはヴェルザーに手紙を送って結論を伝え、黒点が衛星だとするシャイナーの主張に異議を唱えました。その結果、シャイナーとガリレオの間に、にわかに手紙の応酬が起こったのです（気の毒にもヴェルザーを介して）。最終的には2人の争いがひとり歩きを始めてしまいます。ガリレオは、黒点の発見という自身の功績を他人が横取りしようとすることに不満を漏らしていました。シャイナーのいう「例のイタリア人」というのがガリレオのことだと仮定してですが、シャイナーはガリレオを不倶戴天の敵だと宣言しています。

論争を続けている間、どうやら2人とも、ヨハネス・ファブリツィウスとその父であるダーヴィト・ファブリツィウスが黒点の記述を発表していたことに、気がつかなかったようです。2人は、ヨハネスが1611年のはじめにライデン大学からもち帰った望遠鏡で、黒点を観測していたのです。しかし、ファブリツィウスやガリレオが自分が最初に黒点を観測したと主張するよりも2～3か月前に、なんと天文学者にして数学者のイギリス人、トーマス・ハリオットが、1610年12月に黒点を観測したことを原稿として記録していたのです。しかし、原稿が発表されたのは、1621年の彼の死後のことでした。今日ではほとんどの書籍が、望遠鏡で最初に黒点を観測した功績はファブリツィウスにあるとしていますが、最初の人物としてその功績が認められるべきは、ハリオットでしょう。ファブリツィウスとガリレオが主張した日を考慮に入れてもです。

やがて、穴を小さくすればするほど映し出される像は鮮明になる（ただし光が弱く薄暗くなる）ということを、天文学者が発見しました。こうして、望遠鏡と最適な大きさの穴をあけたカメラ・オブスキュラを使うことによって、ファブリツィウスは投影された黒点の像を驚くほど正確な描写で紙にトレースすることができたのです。

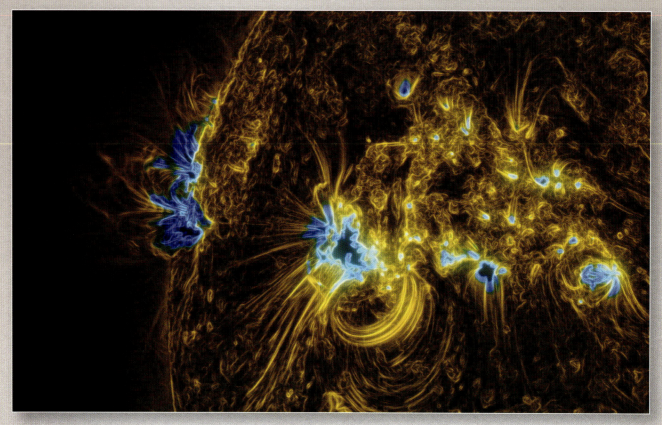

NASAのSDOが撮影したこの画像には、構造を見やすくするための処理がなされている。
ループは磁場の作用を受けたプラズマを表す。青いエリアの中央には黒点がある。

宙返り：太陽磁場逆転

　太陽にも地球と同様に北極と南極がありますが、太陽の場合、どちらがどちらであるかを特定するのは難しいでしょう。太陽の磁気極性は、黒点の両極性のために生じると考えられている太陽活動周期に一致して、11年ごとに逆転します。極の磁極の逆転の直後には、先行黒点の極性は、常にその黒点が現れている半球の北極または南極の極性と逆です。そのとき、北半球に現れる先行黒点は常に南極の極性であり、南半球の先行黒点は常に北極の極性なのです。

4重極構造？

　2012年はじめの太陽磁場逆転の際、何人かの科学者が予期せぬ磁性の変化を発見しました。N極からS極に変化するのではなく、南極がN極性を維持しているように見えたのです。この奇妙な現象は科学者に憶測をもたらしました。反転するのではなく、磁気をもつ物質の、通常とは異なる流れが4つの極をつくり、赤道近くに2つの新しい極ができているのではないかと。北極と南極では正の荷電、赤道付近の極では負の荷電が予測されました。この4重極構造の確証はまだありませんが、日本のある研究チームは、17世紀終わりの太陽磁場逆転の間に4重極構造のパターンが見られ、その時期が、マウンダー極小期として知られるミニ氷河期の最も寒かった時期と一致していたと考えています。

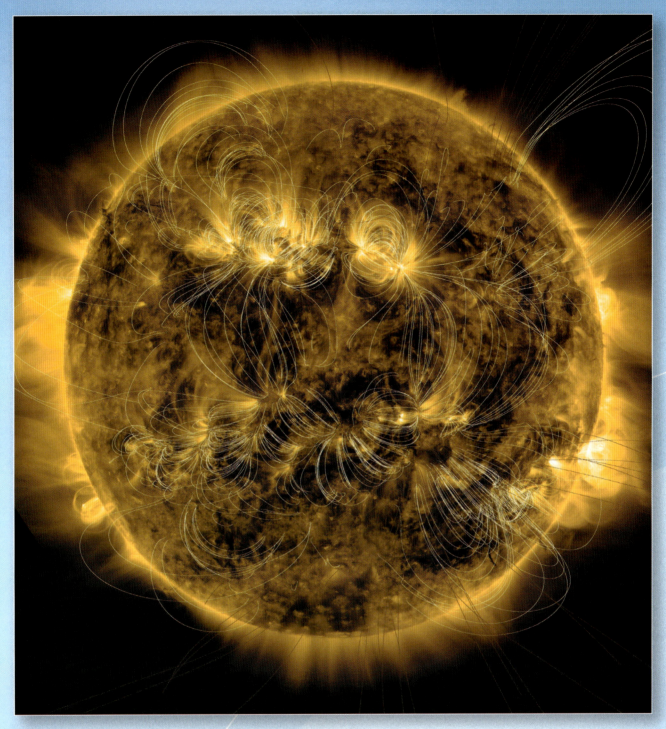

NASAのSDO搭載のAIAにより、2012年4月4日、171Åの波長で撮影されたもの。
活動が活発な領域のつながりをはっきり見せるために、磁力線が付け加えられている。

　多くの黒点が現れ拡大するにつれて、先行黒点の極性が、現れた半球の極の極性を弱めます。たとえば、S極を示す黒点は、太陽の北極の極性を弱めるのです。やがてその半球の先行黒点の極性が支配的になり、太陽の極性が逆転します。この現象は「太陽磁場逆転」とよばれています。

　太陽風は、太陽の磁場を太陽系のかなり外側まで広げています。その結果、太陽磁場逆転は太陽からかなり遠くにある物質にも影響します。しかし、その距離と太陽風を構成する荷電粒子の速度によって、太陽のこの「宙返り」の影響が太陽系の外縁まで到達するのには、何年もかかるのです。

太陽フレア

　太陽フレアは太陽表面上で見られる光り輝く閃光で、電磁放射の巨大な爆発であり、TNT換算で1600億メガトンのエネルギーに相当します。フレアでは電磁波スペクトルのあらゆる波長の放射線を放出しますが、ほとんどの太陽フレアは可視光の範囲外の周波数です。その結果、ほとんどのフレアは肉眼で見える閃光をつくり出すことはないのですが、それでも紫外線、X線、そしてガンマ線による膨大な量のエネルギーを解放しているのです。

　科学者は太陽フレアの基本については理解していますが、詳細に関してはかなりの議論が続いています。太陽内部の磁場が強さを増し、太陽の重力から逃れようとしたときに太陽フレアが起こることについては、科学者の見解は一致しています。ほとんどの場合、電磁力は、巨大な磁気ループとしてブクブクと太陽表面まで上っていきます。過熱した荷電粒子でできているプラズマも磁気エネルギーと同じ経路をたどり、プロミネンスとよばれる太陽物質のループを形成し、太陽表面から噴出するのです。

　時々磁気ループの片方の端が太陽表面から離れ、ほどけた靴紐のようにはためくのではないかと科学者は推測しています。最終的には離れたほうの端が太陽表面と再結合し、ループは閉じられます。しかし、時折ほどけた端は、太陽表面上近くのループが結合しているところに入って再結合します。ほぐれた端が太陽表面と再結合するときに、そこで結合している近くのループの磁気力のほうが弱ければ、その差が余分なエネルギーとして放出されます。

2012年4月16日、中規模の太陽フレアとプロミネンスの噴出が、同時に起こった。

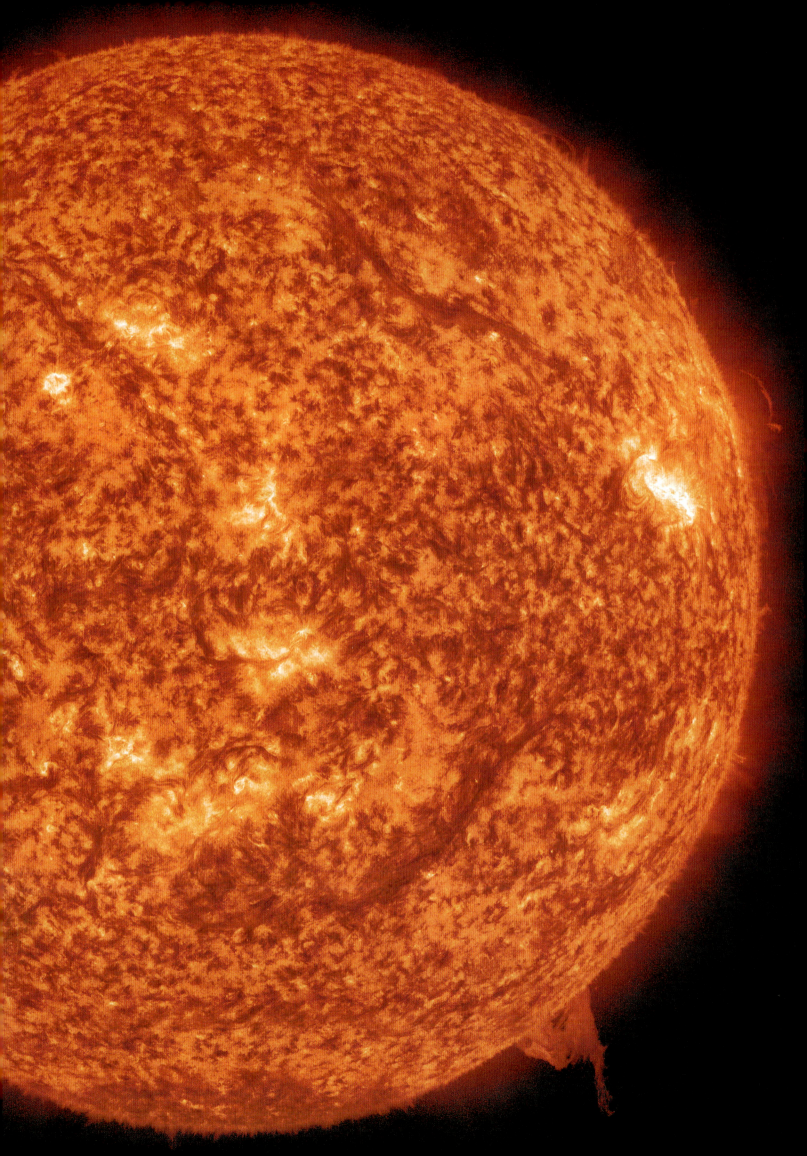

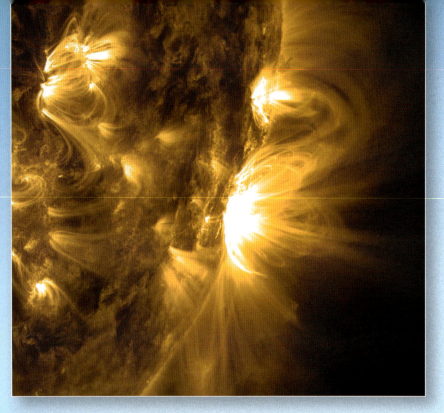

2013年1月初旬に観測。太陽表面の非常に活発な2つの領域から出ている磁気ループに沿って、荷電粒子が高速回転をしている。

磁気リコネクションの間に解放される余分なエネルギーは、コロナの荷電粒子を温め、その速度を光速近くにまで加速させます。これらの粒子が、電波からガンマ線までの放射線の巨大な閃光として、エネルギーを放出するのです。それゆえ、フレアは解放されるエネルギーに応じ、A、B、C、M、またはXクラスに分類されます。またそれぞれのクラスはさらに1～9の段階に分けられます。たとえばX1のフレアは最もエネルギーの強いクラスに属しますが、X5のフレアと比較すると4分の1の強さになるわけです。

Xクラスのフレアは、地球の大気圏に磁気嵐を引き起こし、無線通信や衛星通信などに影響を及ぼします。地球を周回する宇宙飛行士にも、健康上深刻なリスクを引き起こします。宇宙船は地球の磁気圏によってそれほど守られていないからです。

2013年、NASAのSDOが、磁気リコネクションのプロセスが起こっている場面の撮影に成功しました。これらの画像は、科学者が太陽フレアの原因を確認し、太陽フレアが起こるタイミングを予測する、よりよい方法を考案するための助けになるかもしれません。

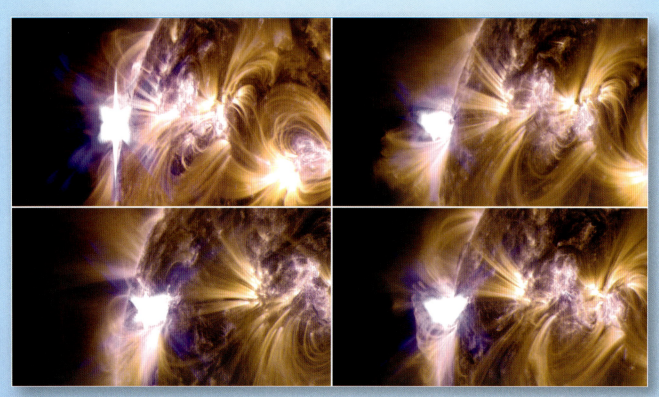

2013年5月12日から14日にかけて、太陽からその年初めてになるXクラスのフレアが4回噴出した。左上から時計回りにX1.7、X2.8、X3.2、X1.2。

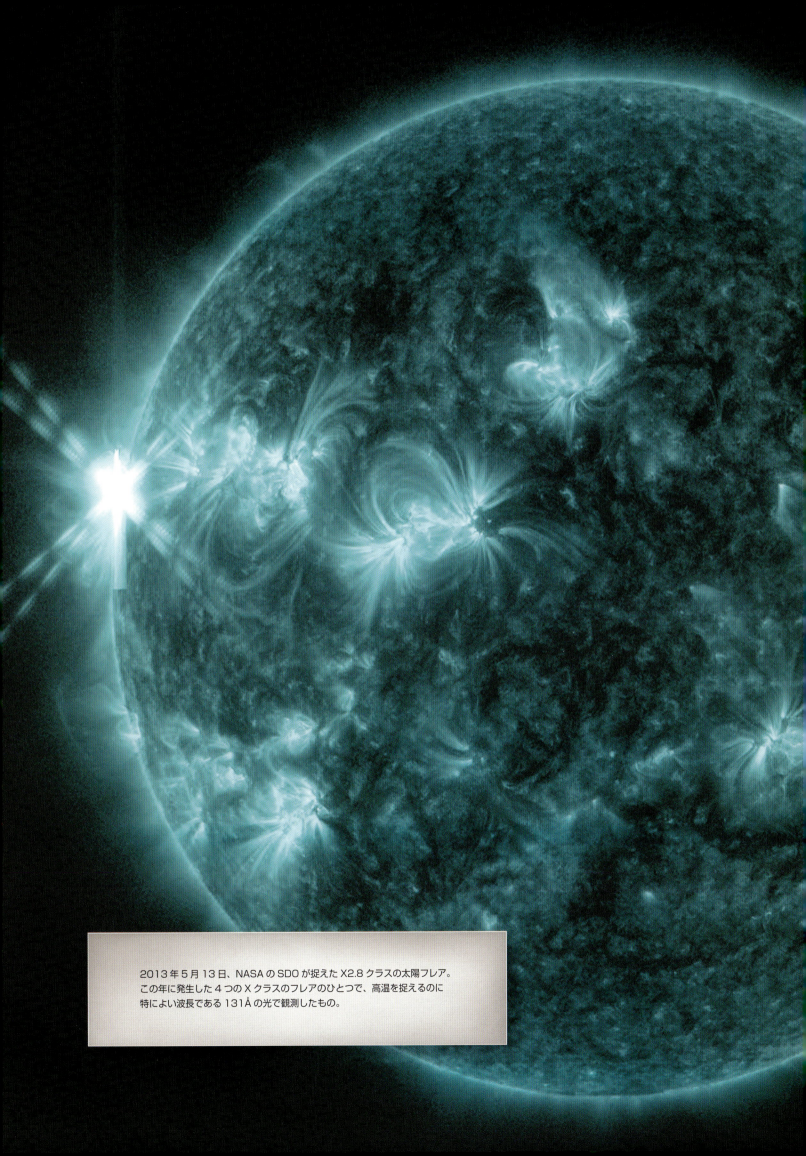

2013年5月13日、NASAのSDOが捉えたX2.8クラスの太陽フレア。この年に発生した4つのXクラスのフレアのひとつで、高温を捉えるのに特によい波長である131Åの光で観測したもの。

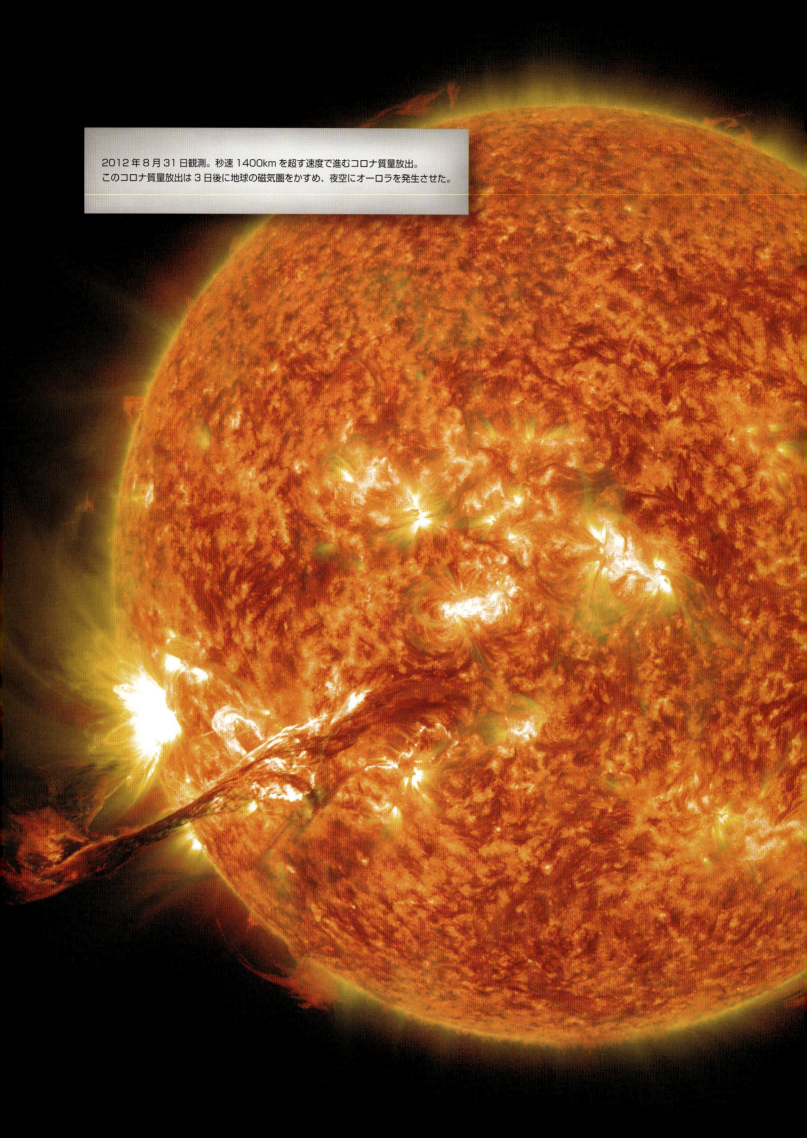

2012年8月31日観測。秒速1400kmを超す速度で進むコロナ質量放出。このコロナ質量放出は3日後に地球の磁気圏をかすめ、夜空にオーロラを発生させた。

コロナ質量放出

　コロナ質量放出（Coronal Mass Ejections：CME）は、太陽から宇宙空間に放出されたエネルギーと太陽物質の巨大な爆発です。太陽フレアとは主にその規模（CMEのほうが強力です）とタイプ（CMEは必ず太陽の物質を含みますが、フレアはそうとは限りません）で異なります。この2つは混同しやすい現象で、天文学者でさえ、2つを一緒にすることがあります。どちらも太陽表面の磁気リコネクションによって引き起こされると考えられています。強力なフレアはしばしばCMEを伴いますが、どちらも単独で起こりえます。

　磁気を帯びたプラズマの流れが太陽表面から噴き出そうとするとき、通常は太陽の質量に妨げられます。磁力線は重力によって太陽表面に向かって曲げ戻され、プラズマの流れも引きずられます。しかし、太陽に曲げ戻されるときに、磁力線が突然、乾いた小枝がパキッと折れるように折れ、途方もない量のエネルギーを解放することがあります。この激しい反応が荷電粒子のかたまりを宇宙に、そしてときには直接地球に投げつけるのです。大きなCMEは、猛スピードで進み、長くたなびき、何十億トンもの帯電した質量を含んでいることがあります。

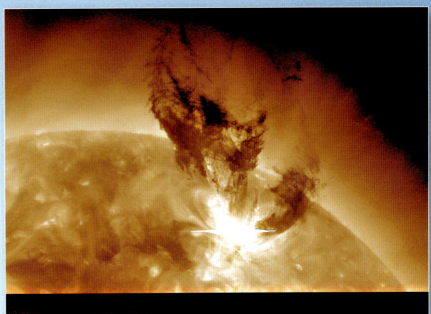

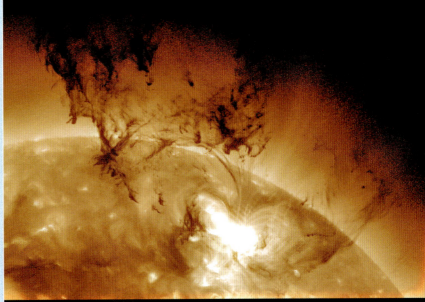

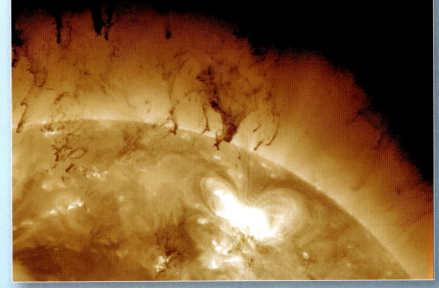

2011年6月7日、太陽から放たれた中規模フレアと巨大なコロナ質量放出。NASAのSODが撮影したこの3枚の画像は、わずか30分の間に撮影された。

1859年9月1日、イギリスの天文学者リチャード・キャリントンは、黒点を観察しているときに、太陽表面の明るい光の点がどんどん明るくなり、そしてゆっくりと暗くなるのに気づきました。翌日、地球で巨大な磁気嵐が起こりました。また、南はカリブ海にまで明るいオーロラが現れました。キャリントンは、磁気嵐と前の日に彼が見た太陽活動との間に、何らかの関連があるのではないかと考え、見解をイギリス王立天文学会に伝えました。この出来事は「キャリントン・イベント」として知られるようになりますが、記録に残るものとしては、これがCMEによって引き起こされた最も強烈な磁気嵐です。

　CMEの最初の写真は、1971年12月14日、NASAが太陽観測のために1962年から1975年にかけて打ち上げた9機の人工衛星の7番目にあたるOSO-7（Orbiting Solar Observatory）によって撮影されました。画像はデジタル化され、圧縮されて、アメリカ海軍研究所に送信されました。圧縮されていない完全な画像を送信していたら、当時の通信状況では44分もかかることになります。

　NASAは2012年4月14日に最高速のCMEを記録しました。太陽の立体画像を撮影するためにNASAが2006年に打ち上げたほとんど同じ2機の調査衛星STEREOが、爆発して秒速2900〜3200kmで進むCMEを記録したのです。最終的にCMEの速度は落ちましたが、地球を越えて吹き抜けるのに要した時間は17時間未満でした。

太陽の地震

　太陽の表面から噴き出した磁気を帯びた物質は、しばしば雨となって彩層に戻ります。ときに、噴出するプラズマは恐ろしい威力で反動し、太陽に振動を起こします。地球で起こる地震と同じように、太陽の表面に波及する地震波です。天文学者は1972年には太陽の地震を予測していました。しかし、実際に観測できたのは、1996年にSOHOのミッションで得られたデータを、NASAの科学者が分析した後です。写真（1998年まで検証されなかったのですが）はマグニチュード11.3の地震で、1906年にサンフランシスコを壊滅させた地震の4万倍も強力なものでした。太陽の地震の写真は、今のところ多くはありません。もっともこれは、今後数年にわたりNASAが太陽観測を進めていくことで変わるかもしれません。

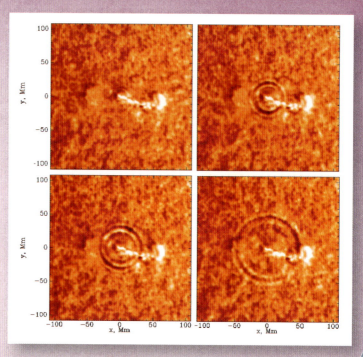

1996年に、NASAのSOHOが初めて捉えた太陽の地震。

NASAのSOHOが撮影したコロナ質量放出のこの画像では、明るすぎる太陽を遮るために遮光板が使われている。遮光板に重ねられているのは別の太陽の画像で、スケールをほぼ合わせたもの。

太陽系で最大の荷電粒子の流れといえば、もちろん太陽風です。想像できると思いますが、そのすべての電荷の動きは巨大な磁場を形成します。実際、太陽風がつくり出す惑星間磁場は、太陽系を突き抜け、星間空間に達するまで広がります。

　太陽の差動回転と太陽風の動圧の組み合わせは、惑星間磁場の形に影響し、くるくる回転するダンサーのスカートのように螺旋形になります。事実、磁場は太陽と一緒に回転し、平均すると25日ごとに1回転しています。その間、この磁気を帯びたスカートのひだが地球の磁気圏にある荷電粒子と相互に作用し、北極や南極近くの空に美しいオーロラを生むのです。

惑星間磁場

太陽の一方の半球の内向きの磁場方向ともう一方の半球の外向きの磁場方向の境界には、磁気中性面ができている。磁気中性面は、太陽の自転によって太陽風が螺旋状に磁場を外側に運ぶのにあわせ、波のようにうねる。

次ページ写真：宇宙飛行士が国際宇宙ステーション上で撮影したオーロラの写真に、太陽から噴き出した粒子の雲のイラストを重ねたもの。

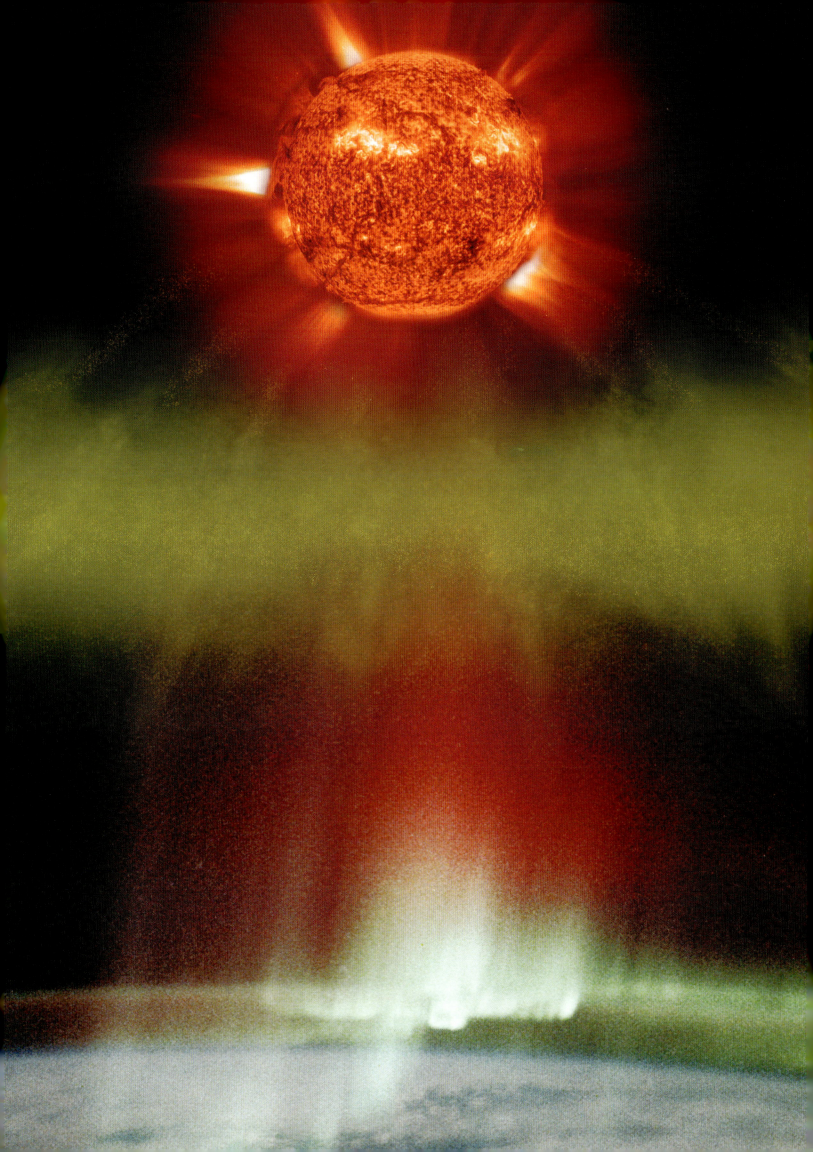

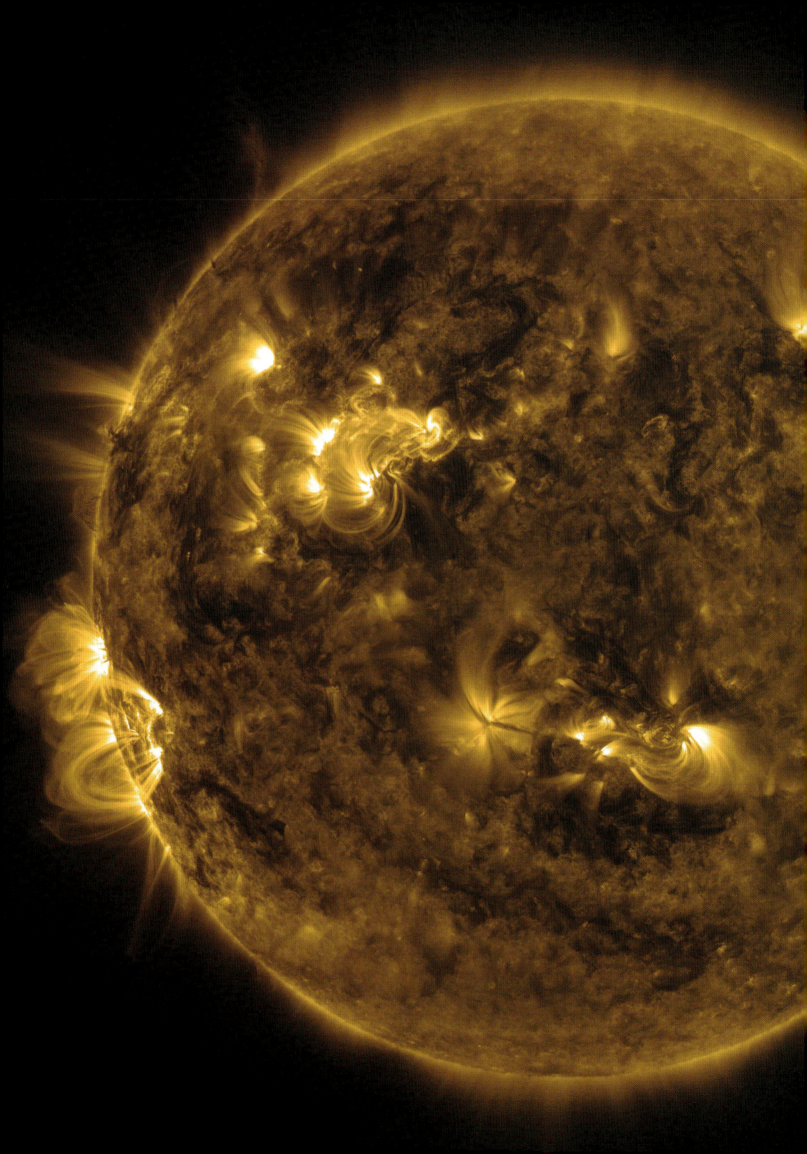

3

かけがえのない太陽

　私たちの太陽は、1つの巨大なエネルギーの球といえます。本当です。しかし、もっともっと奥深いものでもあるのです。太陽がどうなっているのか、その不思議が科学によって明らかになるずっと前に、人類は太陽の重要性を理解し、そのすばらしさを讃えていました。太陽ほど空に光り輝くものはなく、また、太陽ほど光と暖かさを届けてくれるものもありませんでした。太陽がなければ世界は冷たく暗いということを、人々は知っていたのです。

　大昔の私たちの祖先は、そのしくみこそ理解していませんでしたが、地球の豊かさに太陽が深く関係していることを知っていました。地球は太陽の周りを回っているということを知る以前から、太陽があるから季節があるということを察していました。焼けつくような夏の暑さに秋の収穫、冬の雪に新しい命がやってくる春。それらすべてが太陽によってもたらされるのだということをわかっていたのです。テクノロジーによって、太陽についての私たちの理解は広がったかもしれません。しかし、その魅力は衰えることがありません。太陽は人類にとって今なお、かけがえのない存在です。遠い祖先がその輝きを眺め、感嘆していたように……。

太陽までの距離は？

　この問いの答えはきわめて簡単だと、あなたは思っているかもしれません。しかし、何千年もの間、天文学者と数学者とが地球と太陽の距離を算出しようと努力を続け、あまりにも異なる計算結果にたどり着いてきたのです。2000年以上前、ギリシャの天文学者にして数学者であったサモスのアリスタルコスは、太陽と地球の距離が地球と月の距離の18〜30倍の間であると計算しました。今日私たちが知る通り、彼の計算方法は不正確であるばかりか、実用的でもありませんでした。誕生以来45億年近く、月はゆっくりと着実に地球から離れていっていますが、太陽と地球の距離は比較的一定しています。ですから、仮にアリスタルコスの計算方法が間違っていなかったとしても、地球と月の距離を頻繁に測り、比率を更新して太陽までの距離に反映させる必要があったのです。

アリスタルコスから100年近く後、ギリシャの天文学者アルキメデスは、アリスタルコスが地球と太陽の距離を幾何学だけで計算したと主張しました。アルキメデスによれば、アリスタルコスは太陽と地球との距離を、地球の半径のほぼ1万倍に等しいはずだと計算したのです。今日、私たちは、太陽と地球との距離が地球の半径の2万3000倍以上であることを知っています。先人となる天文学者についてアルキメデスが書いたことが正しかったとすれば、アリスタルコスの計算は、やはりかなり的を外していたことになります。

紀元2世紀、エジプトで活躍したギリシャ出身の天文学者であり数学者のプトレマイオス（トレミー：プトレマイオスは友人たちにはこの名で知られていた）は、当時としては新しい数学の手法である三角法を用いて、地球と太陽の距離を計算しようとしました。しかし、彼の計算には重大な誤りがありました。トレミーは太陽と月の大きさを計算するときに、太陽の直径と月の直径が、地球から見るとそうであるようにほぼ同じであると推論したのです。この推論による比率と、月食で月に投影される地球の影を利用した複雑な計算とを使い、トレミーは地球と太陽との距離が地球の半径のおよそ1210倍であると計算しました。いうまでもなく、トレミーの推定も完全に誤っていました。にもかかわらず、1500年以上もの長い間、誰も疑いをもたなかったのです。

天文学者クラウディオス・プトレマイオス（トレミー）。

17世紀になると、西洋文明ではついにその科学的思考に革命が起こります。ドイツの天文学者ヨハネス・ケプラーが、トレミーの計算に疑問をもち、数値があまりにも低すぎることに気がついたのです。ケプラーの時代には望遠鏡が発明され、アリスタルコスやトレミーが肉眼で行った計測と比較すると、はるかに正確に地球と星々の角度を計測することができました。望遠鏡の発明により天文学者は、視差とよばれる技術を使って、天体間の距離を計算できるようになったのです。

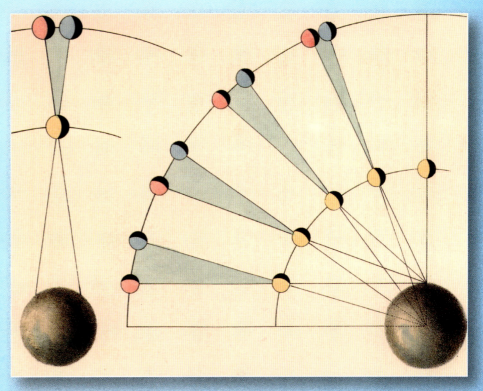

19世紀半ばに描かれた地心視差を説明する図。

かけがえのない太陽 83

車で高速道路を飛ばしているところを想像してみてください。スピードメーターの針に目をやると、時速120kmで走行しています。時速100kmの速度制限を危険なほど上回る速度です。あなたは居心地よさそうに助手席におさまっている友人に叫びます。「大変だ！　スピードを落とさなきゃ！」。友人が速度計を見て答えます。「何いってるんだ！　時速100kmだよ」。あなたが心配している一方で友人が平気でいるのは、視差といわれる、2つの視点から見える速度計の針の位置が異なることが原因です。あなたの位置は目の前に速度計があるので、自分が時速120kmで走行していることがわかります。しかし友人の位置からだと、速度計の針はちょうど時速100kmを指しているように見えるのです。

　視差を使えば天体の相対的位置が計測でき、それによって天体間の距離の計測が可能になることが判明しました。オランダの天文学者で、ケプラーと同時代に生きたクリスティアーン・ホイヘンスは、視差の望遠鏡観測技術を使って、地球と太陽の間の距離が地球の半径のおよそ2万4000倍だと推定しました。これは現代の測定に驚くほど近い値です。イタリア出身のジョヴァンニ・カッシーニは、さらに上をいきます。カッシーニは三角法を用いて地球上の2地点から火星までの距離を測り、視差を利用して地球から太陽までの距離を誤差6％以内の精度で計算したのです。

　現代の機器は1億5000万kmを超す距離を誤差2～3mの精度で測定可能です。しかし、この精度によって、新たな課題がいくつか生じています。1つには、太陽を周回する地球の軌道が完全な円ではなく楕円だということがあげられます。このため地球と太陽の距離は常に変化しているのです。地球の中心から太陽の中心までを測るべきなのでしょうか？　あるいは地球上最も高い山の頂上から太陽の彩層の底までを測るべきなのでしょうか？

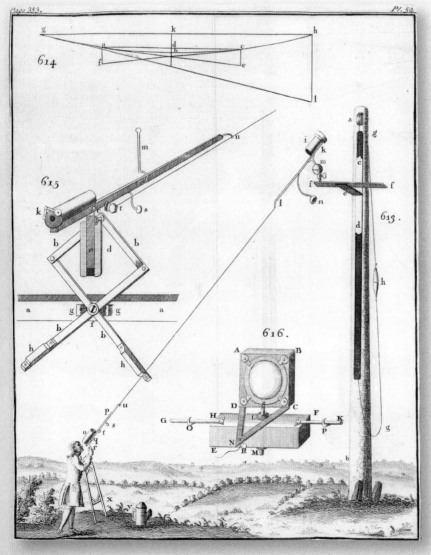

クリスティアーン・ホイヘンスの約64mの長さの空気望遠鏡を描いた1738年の図。
接眼レンズは、柱に据え付けた短い筒にぴんと張ったひもでつながれている。
筒には集光のための対物レンズがついており、ひもでの操作が可能だった。

天文学者は長い間、太陽の質量、地球上の1日の長さ、そして万有引力定数として知られる定数が関係する複雑な数学的方程式を使って、地球と太陽の距離を測定してきました。しかし、中心核で起こる核融合反応によって質量の一部がエネルギーに変換されるため、太陽の質量は常に変化しています。また、あらゆる種類の天体間の距離を表すのに、天文学者が地球と太陽の距離である「天文単位（Astronomical Unit：AU）」を使い始めたことで、物事はさらに複雑になりました。計算上のわずかな差でさえも、太陽系のはるかかなたと遠い銀河との距離の計算には、膨大な影響があるのです。

　わかりづらいですか？　安心してください。あなただけではありません。多くの天文学者が宇宙での距離を計算するための、もっと簡単な方法を熱望していました。そして2012年、望みは叶えられたのです。正式な権限をもつ国際天文学連合は「天文単位」を再定義することを決めました。新しい定義に従えば、太陽の質量や地球上の1日の長さによって天文単位が上下することはなくなります。かわりに、単位は単純な定数とすることで、科学者の意見が一致したのです。今日、地球と太陽の正式な距離（1AU）は、厳密に1億4959万7870.7kmと決められています。

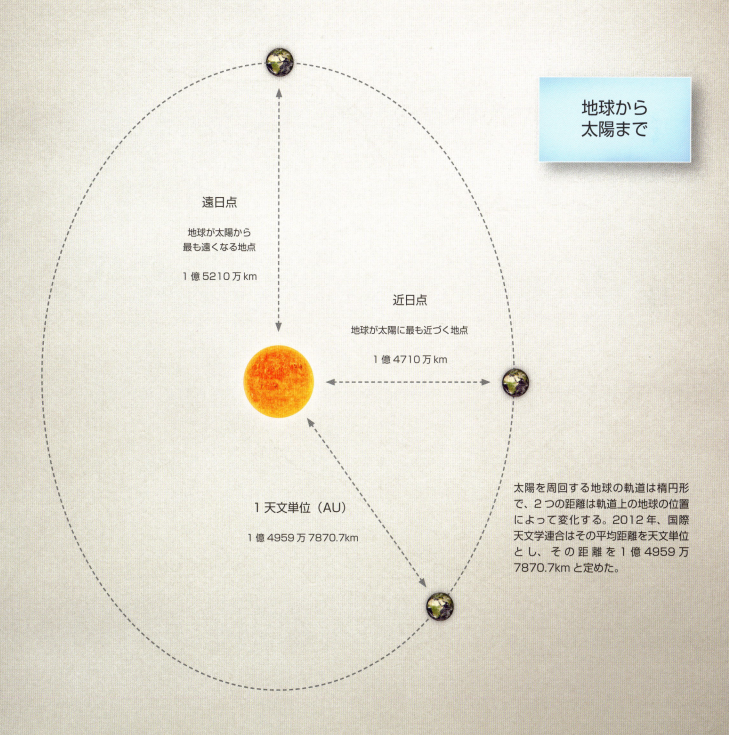

地球から太陽まで

遠日点
地球が太陽から最も遠くなる地点
1億5210万km

近日点
地球が太陽に最も近づく地点
1億4710万km

1天文単位（AU）
1億4959万7870.7km

太陽を周回する地球の軌道は楕円形で、2つの距離は軌道上の地球の位置によって変化する。2012年、国際天文学連合はその平均距離を天文単位とし、その距離を1億4959万7870.7kmと定めた。

かけがえのない太陽

スイート・スポット

地球と太陽の平均距離は、人類にとって（それどころか地球に生きるすべての生物にとって）、天文測定を単純にすること以上の意味があります。それどころか、この1億4959万7870.7kmというのは、とても特別な数字なのです。なぜなら、これはハビタブルゾーンもしくは生命居住可能領域（Circumstellar Habitable Zone：CHZ）とよばれる領域内にあり、地球が快適な状態でいられるためです。

私たちの理解する限りでは、命あるものはすべて、水が液体として存在する環境を必要とします。実際、地球上の生命体はすべて、H_2Oのお風呂のなかで溶解している炭素化合物でつくられているといえます。ですから、科学者が地球外生命体を探す場合は、まず水のある惑星を探すのです。すなわちハビタブルゾーンにある惑星です。中心となる恒星からあまりに離れた惑星は、冷たすぎ表面にある水は凍ってしまうでしょう。また、あまりに近ければ、熱すぎて水はあっという間に蒸発してしまうでしょう。

太陽から1億4959万7870.7kmの距離にある地球は、まさにスイート・スポットにいるといえます。恒星を取り囲む領域のなかで、惑星がその表面に水を液体の状態で維持することが理論的に可能なところに、地球は位置しているのです。このほとんど完璧なバランスこそ、地球で生命が定着した第一の理由だと考えられています。

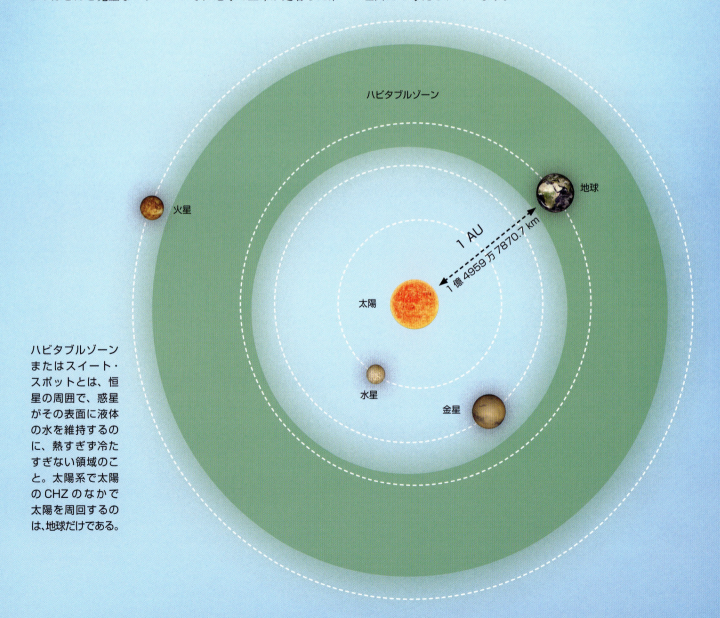

ハビタブルゾーンまたはスイート・スポットとは、恒星の周囲で、惑星がその表面に液体の水を維持するのに、熱すぎず冷たすぎない領域のこと。太陽系で太陽のCHZのなかで太陽を周回するのは、地球だけである。

タイタン：地球外生命体発見の可能性が最も高いところ？

　ハビタブルゾーン内で公転する惑星は、地球外生命体を発見する可能性が最も高いところです。しかし、何をもって「ハビタブル」とするのかについては若干議論があります。たとえば、惑星の表面に液体の水が存在する必要はないと主張する科学者もいます。実際、太陽系で地球外生命体発見の可能性が最も高いところはCHZのずっと外側にあると、多くの科学者が考えています。

　タイタンは約60ある土星の衛星のなかで最大の衛星ですが、太陽からあまりに離れているため、その表面に水があるとしても固体であるに違いないと科学者は考えます。気温が−179度のタイタンでは、その表面の水は氷になってしまい、その状態を維持するでしょう。しかし地下はどうでしょうか？　アメリカ航空宇宙局（NASA）の探査機カッシーニのフライバイから得られたデータにもとづくと、タイタンの地表の薄い氷の下には液体の水とアンモニアの広大な海が広がっていると、多くの科学者が考えています。タイタンの大気が有機化合物を豊富に含む可能性を示すデータとあわせて考えれば、CHZからは遠く離れているものの、タイタンは太陽系において何らかのかたちで地球外生命体を維持するために、最も適した環境かもしれないと彼らは考えるのです。

　実際NASAは、2009年、ESA（欧州宇宙機関）との共同ミッションであるTSSM（Titan Satarn System Mission）への資金拠出を優先事項としました。このミッションの目的のひとつは、タイタンでの生命存在の証拠を探すことです。世界を代表する天文学者や宇宙物理学者の多くが、タイタンにおける生命存在の可能性を確信しているという事実は、生命を探すにはCHZが宇宙で唯一の（それどころかベストの）場所なのかどうかについて、疑問を投げかけることになりました。

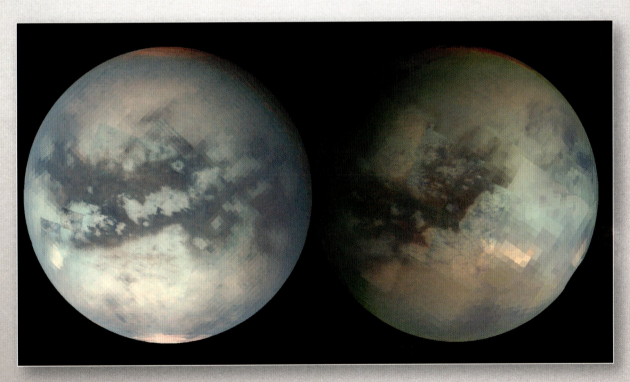

これらのタイタンの疑似カラー画像は、2005年のフライバイで
カッシーニ探査機により撮影されたものである。

光あれ

　地球にもたらされる光の主な源は太陽です。実際、私たちが目にするほとんどすべての光は太陽から来ます。月の薄明かりも、夜空に見える惑星のかすかな光も、太陽の光を反射しているにすぎません。地球上で太陽以外の天然可視光の源といえば、化学反応によって発光する生物、稲妻のような大気現象、本当にかすかに明滅する遠い星くらいです。その他の可視光はすべて、太陽から来るのです。太陽の中心核深くから発せられる光子は、数千年から100万年もの旅を経て、ようやく太陽の表面にたどり着きます。そこからは、ほんの8分で地球に到達してしまいます。

写真左上：衛星から見える、地球に降り注ぐ太陽光。

写真上：太陽光の反射で輝く月。

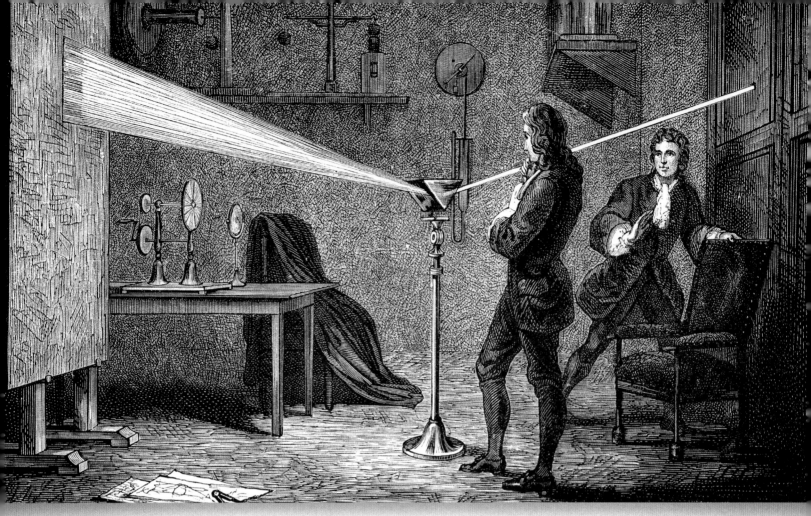

光を使って実験を行うアイザック・ニュートンと、それを見るルームメイトのジョン・ウィッキンス。1874年の銅版画。

　そもそも光とはいったい何なのでしょうか？　紀元前55年ごろ、詩人にして哲学者であったローマのティトゥス・ルクレティウス・カルスは、太陽の光は宇宙を瞬間的に伝わる微細な粒子の集まりではないかと考えました。1500年以上後に、フランスの数学者であり哲学者のルネ・デカルトは、「光は粒子というより、密度の濃い媒体をより速く進む音波のようなふるまいを見せる」と主張し、粒子理論を退けました。イギリスの数学者でデカルトとほぼ同時代に生きたアイザック・ニュートンは、波理論を退けました。光が波であるならほかの波と同じように物体を避けて曲がるはずで、理論的には、物体がほかの物体の後ろにある場合でもはっきりと見ることができるはずだと論じたのです。ニュートンの論理は十分に説得力があり、科学界の大多数は19世紀に入っても光が粒子であるとする説を受け入れていました。

　1918年、マックス・プランクというドイツの理論物理学者が、量子力学を考案したことでノーベル物理学賞を受賞しました。プランクは、光は波ではあるが、その振動数により、限られた量の光はエネルギーを得るもしくは失うと示唆したのです。1926年、アメリカ人のギルバート・ルイスが振動するこれらの光のかたまりを「光子」と名づけました。量子力学により、ルクレティウスの考え方もデカルトの考え方もニュートンの考え方も、ある程度までは正しかったことがわかりました。量子力学によれば、光は、粒子のようにふるまうこともあれば、波のようにふるまうこともある光子でできていることになるのです。光子のこの二面的な性質を思い浮かべるのが難しいと思うのは、あなただけではありません。物理学者は今日でも、光のこの難解な性質と格闘しているのです。

　最も広い意味においては、太陽光は、光子として太陽から発せられるスペクトル上すべての領域の電磁放射からなるといえます。そのうちのいくつかを私たちは見ることができますが、ほとんどは見えません。実のところ、私たちは地球表面に届く光子のおよそ44％しか見ていないのです。これは、一部は、太陽光が地球の大気圏というフィルターを通るときに、いくつかの種類の太陽放射がそこで遮られることによります。しかしほとんどは、多くの光子の波長が私たちが感知するには長すぎるか（赤外線）短すぎる（紫外線）ために、太陽光のすべてを見ることができないのです。

かけがえのない太陽

視覚の進化

あなたがこの文章を読むことができるのは太陽のおかげです。地表で跳ね返る紫外線放射で覆われた地球で、私たちの祖先は視力を進化させました。とはいえ、目のような複雑なものが進化したものなのかどうかは、しばしば議論になってきました。進化論の父といわれるチャールズ・ダーウィンでさえ、著書『種の起源』のなかで、自然選択によって目が進化したと考えるのは、一見したところ「不条理だ」と述べています。しかし、彼は続けて次のように示唆しています。私たちが使っている複雑な目は、色素で表面を覆われただけの単純な視神経から徐々に進化し、光や色や形を読み取ることはできないまでも、光子を感知するようになったと。そしてすべての能力は何百万年もかけ、「数多くの漸次的段階を経て」成長するのだと。

そして、まさにそのように進化したのです。つい最近、科学者は視覚の起源を、ヒドラの遠い祖先にまで遡りました。ヒドラは、温帯や熱帯にある湖や池や小川に生息する小さな生物です。6億年以上も昔、ヒドラの祖先は（地球の浅い海に浮かぶ、べとべとした小さなかたまりのような生物ですが）光と闇を見分けられるようになりました。

カリフォルニア大学サンタバーバラ校の研究者は、オプシンとよばれる遺伝子が、ヒドラのDNAにはあるけれども、最も原始的な生物である海綿動物にはないことを発見しました。オプシン遺伝子は、やはりオプシンとよばれる、光受容性のタンパク質を生成させます。生成されたオプシンはヒドラの表面を覆い、ヒドラが夜と昼を見分けるのを助けます。オプシン遺伝子を追跡することによって、研究者は視覚の起源を、古代のイソギンチャクやクラゲを含む、刺胞動物とよばれる初期の動物にまで遡ることができたのです。

科学者は目の起源をたどり、このクラゲを含む、刺胞動物とよばれる古代の動物にいきついた。

目の発達は、「カンブリア爆発」という、特に進化が盛んな時期に起こりました。しかし、カンブリア紀の化石が非常に少ないため、科学者は、自然選択にさらされた小さな変異のモデルとして考案された、コンピューターシミュレーションを行いました。意外にも、コンピューターモデルは、有色素神経のような原始的な光受容性器官が、40万年ほどの短い期間で、現代人のもつ複雑な目に進化することを示したのです。

原始的な目は、光受容性タンパク質のオプシンが発色団という色素領域を取り囲む「眼点」の集まりであるため、明るさの度合いの単純な区別のみが可能であったと科学者は考えています。こうした原始的な目で、動物は光を検知することはできましたが、光の来る方向を見分けることはできませんでした。光の方向を見定めるためには、眼点のあるところに小さな「カップ」ができなければならなかったのです。光がカップに入ると、その角度によって異なるオプシンにぶつかります。カップが深さを増すにつれ、跳ね返る光波に刺激されるオプシンが減り、光源の方向についてはっきりした目安を得られるようになりました。

こうした初期の目をもつ生物は海に生息していたため、電磁スペクトルのなかで彼らがさらされた光は、水を突き抜ける波長をもつ、可視光の青と緑の2つの光のみでした。目が、可視光という、スペクトルのなかの狭い範囲の波長だけを検知するように進化したのは、これが原因ではないかと科学者は考えています。

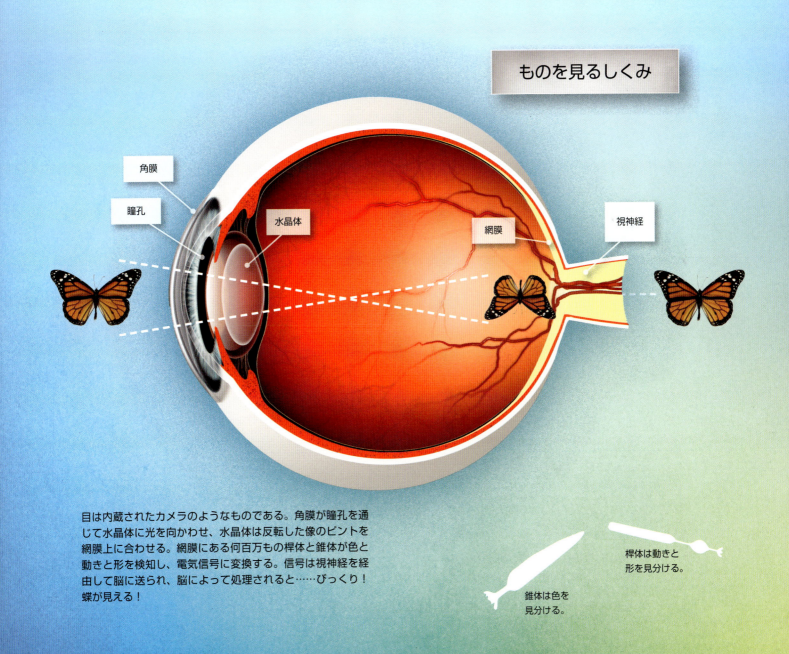

ものを見るしくみ

目は内蔵されたカメラのようなものである。角膜が瞳孔を通じて水晶体に光を向かわせ、水晶体は反転した像のピントを網膜上に合わせる。網膜にある何百万もの桿体と錐体が色と動きと形を検知し、電気信号に変換する。信号は視神経を経由して脳に送られ、脳によって処理されると……びっくり！蝶が見える！

桿体は動きと形を見分ける。

錐体は色を見分ける。

最終的に、こうした原始的視覚が強みとなり（食糧を捕獲し、危険を回避し、繁殖の相手を見つけることに役立って）、進化してあなたのもつような目になりました。現代人の目はもっと複雑ですが、基本原理はそのままです。光（粒子と波の両方の行動特性を見せる光子）があなたの目に入ると、まずは角膜とよばれるフットボール形の透明な被膜を通り抜けます。角膜は光波を屈折させ、瞳孔という目の中心の黒い穴に集めます。瞳孔は虹彩に囲まれていますが、虹彩は目の色のついた部分で、必要に応じて閉じたり開いたりすることで光を取り入れたり遮ったりして、目に入る光の量を調節します。虹彩を通りすぎた光は、光を集めて反転させることで網膜に上下逆の光を送る水晶体を通り抜けます。

　6億年ほど前に進化の過程に火をつけたものと同じオプシンに覆われた、何百万もの光受容細胞は網膜にあります。しかしあなたの網膜のオプシンには、2種類あります。桿体はグレーの色調しか検知しませんが、動きと形を見分けるのに役立っています。錐体は通常網膜の中心付近に密集していますが、ほとんどが赤、青、緑の3色のうちの1色を見分けます。このそれぞれのオプシンが視神経を通じて脳に信号を送り、脳は受け取った赤、青、緑の情報をミックスして私たちが見る色に変換します。それは、LEDのディスプレイが、個々の画素を表情豊かで多彩な画像に変換するのに似ています。

　2つの目を形成することによって、初期の動物はうまく距離を捉えられるようになりました。3D映画を見ている最中に専用眼鏡を外したことがあれば、スクリーン上に重なり合うほとんど同じ2次元の画像に気がついたでしょう。そして眼鏡がその両方の画像を何らかの方法で組み合わせ、1つのきれいな立体画像をつくり出しているのではないかと考えたのではないでしょうか。気づかなかったかもしれませんが、その驚くべき妙技を見せたのは、眼鏡ではなくてあなたの目なのです。そして、目は常にそのようなことを、眼鏡の力を借りずにやってのけているのです。それぞれの目は若干異なるイメージをつくり出すため、脳がそのわずかな違いを埋め、鮮やかにフィットする1つの立体画像をつくり出せるのです。この次元は奥行き知覚をよくするのに大変役立ちました。そしてついには、お気に入りのスーパーヒーローが映画のスクリーンから飛び出してくるのを楽しめるようになったのです。

15世紀のイタリアの画家にして科学者のレオナルド・ダ・ヴィンチのノートより。両眼視を説明している。

光合成の奇跡（そして災い）

　地球上のすべての生物は、何かしら太陽に感謝しなければならないことがあります。この惑星のすべての生物が、わずかな例外を除き、光合成によって直接太陽からエネルギーを得るか、太陽からエネルギーを得ているものを摂取することによって、間接的に太陽からエネルギーを得るかしているのです。例外のひとつとして、温泉や火山泥の穴や海底熱水噴出孔に生息している、非常に単純な古細菌とよばれる単細胞微生物がいます。

　とても住むことなどできないところばかりのように思えますが、初期の地球は、巨大な灼熱の噴出孔だったのです。表面に地殻ができるくらいに温度が下がると、火山ガスによって、アンモニア、メタン、それから水蒸気が主成分の（それに水素、窒素、炭素、酸素がほんの少し混ざった）厚い大気がつくられました。地球の温度がさらに下がると、大気が凝縮されて地表に降り注ぎ、有毒なシチューのようになり、原始の海の軟泥をつくったのです。地球上で最初に生物が現れたのは、この海でした。

古細菌という単細胞微生物は、硫黄を含む猛烈に熱い火山泥の噴出孔でも繁殖できる。

地球上の最初の生命がどのようなものだったかは誰にもわかりませんが、今日の古細菌にとても近いものだっただろうと、多くの科学者が考えています。それはすなわち、核のない単細胞で、形と大きさは驚くほどに一貫性のある生物です。最初の生命体の最も重要な特徴は、太陽とは全く無関係にエネルギーを得ていたことです。最初の生命体にとって、(彼らが何かを気にかけるなどということができたとして) 太陽などどうでもよいもので、くすぶる燃え殻のかたまりのように色あせて見えたことでしょう。彼らに太陽は全く必要なかったのです (現代の古細菌の多くは、今も太陽を必要としません)。

生きていくためには、どのような生命体も生活環境にある化学エネルギーを何らかの方法でアデノシン三リン酸 (Adenosine Triphosphate：ATP) という、細胞がエネルギーの細胞内輸送に使う補酵素に変換する必要があります。エネルギーの細胞間輸送には、細胞膜通過を助ける電子伝達系が必要になります。通常この電子伝達系は、電子を供与する化学物質 (電子供与体) と電子を引きつける化学物質 (電子受容体) が一緒になってできています。エネルギーを変換、輸送する過程は細胞呼吸とよばれ、通常は好気呼吸と嫌気呼吸という2つの方法のいずれかで行われます。好気呼吸では、糖のエネルギーを分解し輸送するのに酸素が使われます。嫌気呼吸では、通常は硫酸塩、硝酸塩、硫黄、フマル酸塩ですが、そのほかのどんなものでも利用されます。

酸素は驚くほど酸化還元電位が高いことがわかっています。ですから、電子が欲しいのです。必要としているのです。あまりに切望するため、必要とあればほかの化学物質の前に割り込んで電子を奪います。酸素が絶えず電子を欲しがっていることは、好気呼吸を嫌気呼吸より19倍も効率よくしています。嫌気呼吸では、1ユニットのグルコースから2ユニットのATPが合成されますが、好気呼吸では38ユニットが合成されます。酸素があまりに効率よく電子を引き込むこうした性質から、ある物質が電子を失う化学反応を酸化とよびます。

酸素にはもう1つおもしろい性質があります。酸素は光合成によってできる副生成物なのです。光合成というしくみがまだなかったころ、地球上のほとんどすべての生物は嫌気呼吸でエネルギーをつくり出していました。とりわけ効率がいいわけではありませんでしたが、自由に浮遊している酸素にはめったに遭遇できなかったのです。地球の初期の大気には、酸素は全く含まれていませんでした。わずかに存在する酸素は、水に閉じ込められていたのです。しかしおよそ26億年前、どのようにかはまだ解明されていませんが、シアノバクテリアが原始の海で酸素発生型光合成をするように進化し、二酸化炭素と水と合成して太陽の光からATPを生成するという驚くべき能力を備えたことで、すべてが一変します。

酸素発生型光合成

酸素発生型光合成の化学プロセスはあまりにも複雑なので、ほんの4億年で生物がそれをなしとげたというのは実に驚きです。簡単にいうと、どんな色素でも太陽光の光子を吸収することは可能です。酸素発生型光合成では、2つの明反応があります。酸素は最初の明反応で生成され、大気中に放出されます。クロロフィル分子が光子を吸収すると、エネルギーが分子から分子に伝達され、反応中心という構造まで運ばれます。P680というクロロフィル分子のスペシャルペアが光エネルギーを吸収し、不安定になり、1つの光子ごとに1つの電子を放出します。電子は一度に2つずつ電子伝達系に送られます。分子間で電子を伝達するプロセスにより、エネルギーは細胞壁を通過することが可能になりますが、このプロセスは植物が電気化学エネルギーを生み出す方法のひとつです。

このプロセスが繰り返されるためには、P680から放出された電子が置き換えられる必要があります。2つの水の分子を分解し、4つの自由に飛び回る陽子と、4つの自由に飛び回る電子と1つの酸素分子にすることで、これが可能になります。

$$2H_2O \rightarrow 4H^+ + 4e^- + O_2$$

電子はP680に使われ、陽子は後にATPの生成に使われ、酸素は大気中に放出されて、私たちが呼吸する空気になるのです。

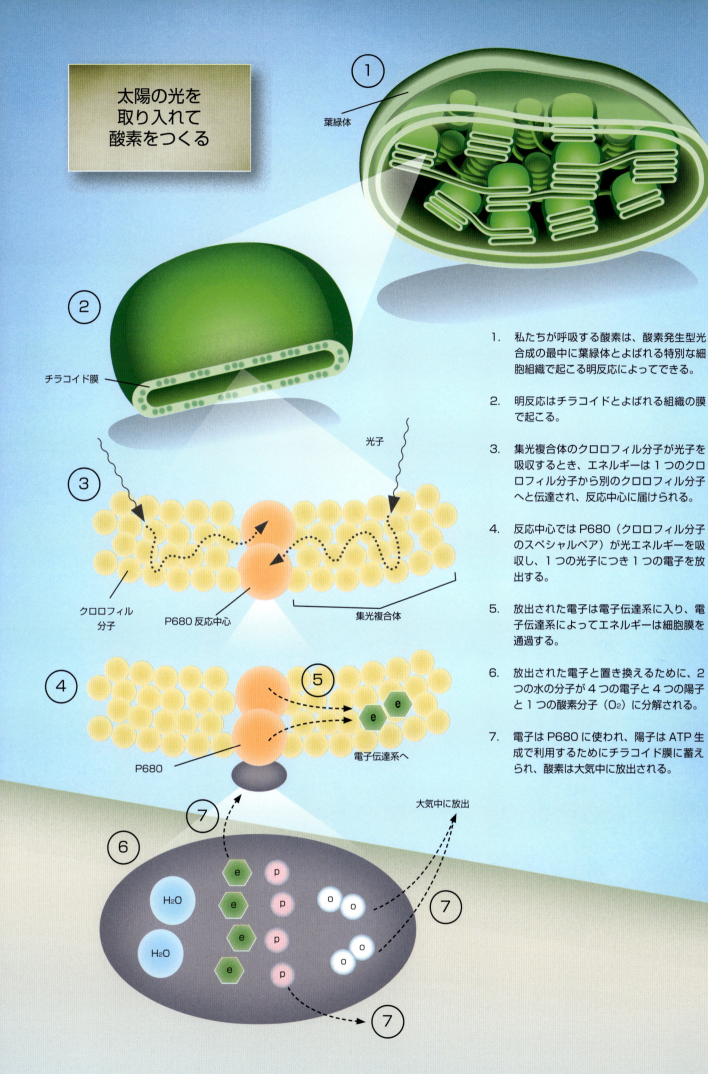

太陽の光を取り入れて酸素をつくる

1. 私たちが呼吸する酸素は、酸素発生型光合成の最中に葉緑体とよばれる特別な細胞組織で起こる明反応によってできる。

2. 明反応はチラコイドとよばれる組織の膜で起こる。

3. 集光複合体のクロロフィル分子が光子を吸収するとき、エネルギーは1つのクロロフィル分子から別のクロロフィル分子へと伝達され、反応中心に届けられる。

4. 反応中心ではP680（クロロフィル分子のスペシャルペア）が光エネルギーを吸収し、1つの光子につき1つの電子を放出する。

5. 放出された電子は電子伝達系に入り、電子伝達系によってエネルギーは細胞膜を通過する。

6. 放出された電子と置き換えるために、2つの水の分子が4つの電子と4つの陽子と1つの酸素分子（O_2）に分解される。

7. 電子はP680に使われ、陽子はATP生成で利用するためにチラコイド膜に蓄えられ、酸素は大気中に放出される。

イエローストーン国立公園の温泉で見つかった生物に似たシアノバクテリアは、光合成ができるようになった最初の生命体である。

大酸化イベント

およそ45億年前に誕生してから5億4100万年前までの、地球の歴史のおよそ8分の7は、先カンブリア時代です。この時代について知られていることはほとんどありませんが、確かなことが1つあります。それは、古細菌のような嫌気生物が優勢だったということです。非常に多くの古細菌がいて、私たちの地球の歴史の大部分を支配していたのです。

ところが、27億年ほど前のあるとき、1つのシアノバクテリアが光合成というマジックをやってのけ、すべてが変わり始めました。シアノバクテリアは光合成によって電光石火のスピードで（当時のほかの生物と比較したら、ということですが）エネルギーをつくり出し、酸素という副生成物を放出しました。酸素発生型光合成ができるシアノバクテリアが遺伝子競合で優勢になってくるにつれ、最初はゆっくりとではありましたが、酸素が地球の大気に蓄積され始めました。

しかし、24億年ほど前にその数が臨界閾値に達し、地球の大気の酸素濃度が爆発的に上がりました。純古生物学者はこの出来事を「大酸化イベント」とよんでいます。これは嫌気生物の時代の終わりを意味していました。酸素は嫌気生物にとっては毒物であるため、おそらく大気中に急激に酸素が蓄積されたことで、ほとんどの嫌気生物が死滅することになったのです。光合成が地球の歴史上最大の絶滅イベントを引き起こしたといえるでしょう。

好気生物にとっては、光合成は天からの贈り物でした。生命体がエネルギーを変換して輸送するには、はるかに効率のよいしくみだったのです。光合成によって、より大きく複雑な生命体が生まれるようになりました。それがおよそ5億3000万年前に起こった、カンブリア爆発という、数多くの多様な動物の急激な出現のきっかけになったと考える科学者もいます。およそ8000万年にわたって進化の速度は加速し、以後この惑星を特徴づけることとなる、植物や動物のとてつもない多様性が生まれることになるのです。

4

太陽崇拝

　地球上にようやく人類が姿を現すと、太陽との関係は明らかに神学的なものになりました。太陽崇拝には人類と同じくらいの歴史があるといえるでしょう。朝日の壮麗さと夕日の輝きを目にしたときから、人類は太陽を崇めてきました。ほとんどすべての文化のなかで、何らかのかたちで太陽の神が生まれ、息づいています。多くの文明が農業の始まりとともに誕生しているため、初期の文明で、人々が日々の糧をもたらしてくれる太陽を崇拝したのは驚くことではありません。

　人類初期の文化のなかで、太陽の誕生とその動きを説明するために、数多くの神話がつくられました。太陽は船か馬車に乗って空を横切ると信じた人々もいます。また、太陽がいくつも存在して、さまざまなところで巨大な宇宙の木の葉の間から、日中に姿を現すのだと信じた人々もいました。

アステカ神話：トナティウとウィツィロポチトリ

　アステカの人々は連続する複数の太陽があると信じ、マヤ・カレンダーに似た伝統的な太陽暦を使用していました。アステカの宇宙論では、それぞれの太陽がそれぞれの宇宙の時代を司り、当時の文明はトナティウが支配する時代のものだと考えられていました。トナティウは5番目の太陽であり、天空の戦いで4番目の太陽を空から追放しました。アステカの創世神話によれば、トナティウは、生贄として人間を捧げてなだめないと、動こうとしなかったそうです。毎年2万人もの人がトナティウやほかの神々に生贄として捧げられていました。

　ウィツィロポチトリは、アステカ族や、メキシコ渓谷にあったテスココ湖の島（現在メキシコシティがあるところ）に建てられた都市国家テノチティトランのアステカ族を含む、そのほかのメソアメリカの人々が崇拝する太陽神でした。ウィツィロポチトリは、戦いと人身御供の神でもありました。しばしば蜂鳥の羽の大きな冠をつけた青い人間のように描かれます。アステカ神話では、ウィツィロポチトリの母親は、空から舞い降りた蜂鳥の羽の珠を拾ったときに、ウィツィロポチトリを身ごもったといわれています。ウィツィロポチトリの兄弟は、母親の謎めいた妊娠を不名誉だと感じました。月である姉のコヨルシャウキは、兄弟の星たちに、母親を殺すようそそのかします。しかし、ウィツィロポチトリが母親の胎内から飛び出し、コヨルシャウキの首をはねて天に投げました。その頭が月になったといわれています。

太陽神トナティウの顔がアステカ・カレンダーの太陽の石の中央からのぞく。

アステカ・コデックス（絵文書）にもとづくウィツィロポチトリの絵。

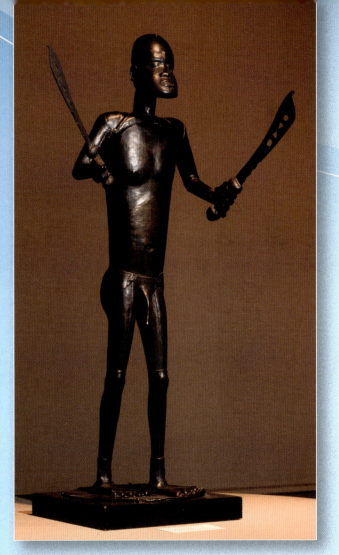

フォン神話：リサ

　西アフリカのフォンの人々はリサという太陽神を崇拝していました。熱と労働と力を象徴する男神です。リサには月の女神マウという双子の妹がいて、夜と母性を象徴していました。リサとマウは原初の母であるナナ・ブルクの子です。フォンの神話によると、宇宙は双子の兄妹の間に生まれました。ダーという名の蛇にそそのかされたのです。宇宙が誕生した後に、リサはグーという男の子の父親になったといわれています。グーは鉄剣の形をした神聖な道具として生まれました。リサはグーを使って世界を形づくり、人間に鉄を鍛錬する方法を教えたとされています。

　双子あるいは二元的な力、そしてしばしば虹と関連づけられる巨大な蛇は、アフリカの多くの創世神話に登場します。コンゴのクバの人々には若干異なる太陽神話がありました。彼らは創造の神ブンバが水でできた宇宙の唯一の居住者であると信じていました。ある日、ブンバが太陽を吐き出し、その太陽が水を干上がらせ、乾燥した陸地ができました。その後、ブンバは最初の人間を吐き出し、新たにできた陸地の居住者としたのです。

太陽神リサとその双子の妹である月の女神マウとの息子、グー。

ケルト神話：ルー

　アイルランドのケルトの人々の太陽神はルーでした。ルーはフォモール族という巨人族の王である、魔神バロールの孫です。バロールはときに嵐や病気やその他の自然の力と関連づけられていました。ケルトの予言で、バロールは孫に殺されるとされていたので、生命の危険を感じたバロールはルーを追い払いました。ルーは海神マナナンに育てられ、優秀な戦士となるよう教えを受けます。成人したルーは、バロールとフォモール族に虐げられていたダーナ神族に加わりました。

　ルーとダーナ神族はフォモール族と戦いました。バロールには目が片方しかありませんでしたが、その目は見た人すべてを殺すことができ、戦いのとき以外はたいてい閉じられていました。マグ・トゥレドの戦いで、ちょうどバロールが目を開けようとしているときに、勇敢なルーはその目に石を投げました。石はものすごい力で目にあたり、邪眼をバロールの頭から押し出し、一瞬のうちにバロールを殺してしまいます。このことは残された大勢の巨人族を大混乱に陥れました。ケルトの人々は今日もなおルーを崇め、毎年8月の収穫祭ではルーを祭っています。

ルーは、ダーナ神族の王ヌアザに対して、自らを証明するために、さまざまな任務に挑んだ。ここに描かれている、チェスの試合に勝つことも、ルーに課せられた任務のひとつ。

太陽崇拝　101

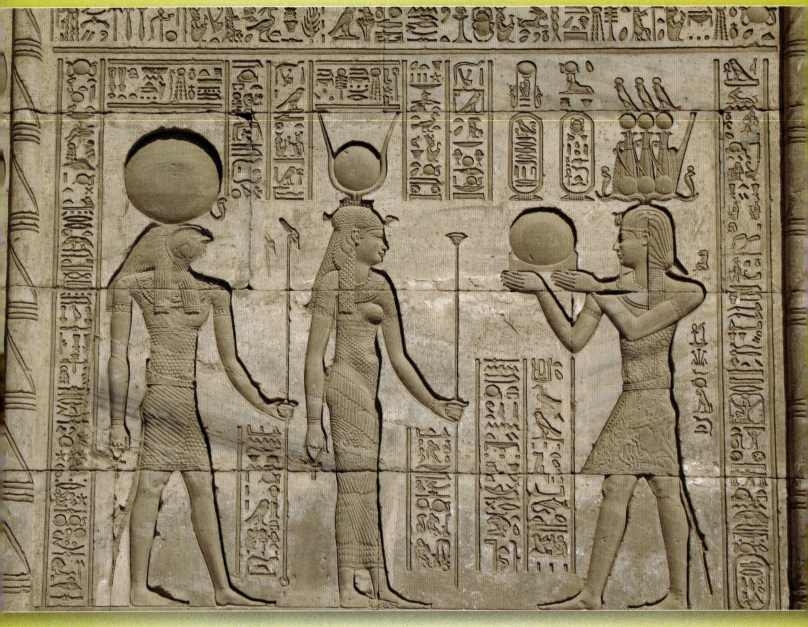

エジプトのデンデラにあるハトホル神殿のラー・ホルクアティ（左）のレリーフ。

エジプト神話：ラー

　古代エジプトの人々はたくさんの神々を信仰していましたが、太陽神ラー（あるいはレー）は、そのなかでも最も崇拝された神の1人です。彼の名前はエジプト語で「創造主」を表す言葉が変化したものだと考えられます。後期エジプト王朝では、ラーはホルス神と習合してラー・ホルクアティとなり、世界中を支配したと信じられていました。ラーは秘密の名前をよぶことによって生物を生み出し、すべての生命体をつくり出したと考えられています。信心深いラー信者の間では、人間はラーの涙からつくられたと信じられています。古代エジプトの『死者の書』では、ラーが自らを切って流れ出た血が、フー（権威）とシア（知性）という2人の知的な神になった様子が詳しく描かれています。

　エジプト第4王朝までには、エジプトのファラオは皆、自分たちがラーであり、ラーの地上での姿なのだと宣言していました。この宣言によってラー崇拝はますます強まることとなり、第5王朝のファラオは、太陽神の神殿を建てたり、ますます複雑になるラー神話で自分たちの墓所を装飾するために、その財のほとんどを費やしました。ローマ帝国ではキリスト教が国教になり、エジプトの人々はラー崇拝を放棄することになりますが、エジプトの司祭の間では、ラーへの学術的興味は失われずに研究が続けられました。

中国神話：羲和と10の太陽

　古代中国では太陽は10もあり、女神羲和と天帝である帝俊の子どもたちであると信じられていました。羲和は東方の光の峡谷にある湖で子どもたちを洗い、枝が天まで伸びている巨大な扶桑の木に置いたとされています。毎日子どもたちのうちの1人が、西の崦嵫（エンジ）山を目指して空をわたっていました。

　帝堯の時代になったある日、太陽たちはこの決まりごとに疲れてしまい、10人一緒に旅をしようと決めました。しかし、10人の太陽の熱で農作物は枯れ、川は干上がり、地球が滅びそうになりました。困りはてた帝堯は帝俊に、子どもたちに1人ずつ旅をするように命じてほしいと頼みました。しかし太陽が帝俊に逆らったため、帝俊は弓の射手である羿（ゲイ）を送り、羿の魔法の弓矢から矢を放って太陽を怖がらせ、追い出そうとしましたが、羿は1人を残してほかの9人の太陽を射落としてしまいます。怒った帝俊は羿から不老不死を奪い、人間として地上で生きるよう命じました。羿に命を奪われなかった唯一の子どもが、今日私たちが見る太陽なのです。

インド神話：スーリヤ

　古代インドの人々は、3つの目と4本の腕をもつ男神として描かれる、太陽神スーリヤを崇拝していました。4本のうち2本の腕には睡蓮をもち、3本目の腕は近くに来るよう崇拝者を促すために使われ、4本目の腕は崇拝者を祝福するために使われていたとされます。スーリヤはまた、7頭の馬がひく戦車に乗っていたと考えられていました。

　インド神話によれば、スーリヤはサンジュニヤーという女神と結婚しますが、サンジュニヤーはスーリヤの強烈な光と熱に耐えられなくなり、森に逃げ込んで雌馬に変身します。それでもスーリヤはサンジュニヤーの隠れ家を見つけ、自らも馬に変身して近づき、再び結ばれました。やがてサンジュニヤーはスーリヤの子を何人か産みました。しかし、スーリヤの熱のためにサンジュニヤーは家事をすることが耐え難くなりました。そのことを父親に訴えたので父親がスーリヤの身体を切り、スーリヤの明るさはもとの8分の1になりました。

13世紀にインドのコナーラクに建てられたスーリヤ寺院には、7頭の馬にひかれるインドの太陽神スーリヤの馬車の彫刻が残る。

インカ神話：インティ

　古代ペルーに栄えたインカ帝国では、インカの人々の祖先と信じられていた心優しき太陽神インティを崇拝していました。インティは女神ママ・キジャと結婚し、子どもをもうけました。息子のマンコ・カパックと娘のママ・オクリョです。インカの神話では、インティは子どもたちに文明化の方法を授け、思いやりを教えなさいという命令とともに地球に遣わしたとされています。マンコ・カパックとママ・オクリョは地面に落ちる金のくさびでインカに首都をつくるように命じられました。インカの人々はクスコがこの都市であると信じていて、今日でもクスコでは、インティライミという太陽の祭りが毎年行われています。

インカの太陽神であるインティを表現した金の円盤のレプリカ。

イヌイット神話：マリナ

　古代イヌイットの人々は、太陽の女神であるマリナを信仰していました。マリナの兄は月の神アニンガンです。イヌイットの神話では、2人は喧嘩をして、怒ったマリナは激しい勢いで出ていってしまいました。謝るためなのか、口論を続けるためなのかはいまだに議論されていますが、アニンガンはマリナを追いかけました。マリナを追いかけ続けることに夢中で食事をとらなかったため、アニンガンはどんどん痩せて月が欠けていきました。アニンガンがようやく止まって食事をすると、新しい月が出ました。アニンガンが再び追いかけ始めると、今度は月が満ち始めます。日食の間だけ、アニンガンはマリナに追いつくことができたと考えられていました。

ギリシャ神話：
ヘリオスとアポロン

　ギリシャ神話ではヘリオス神は太陽を体現していました。ヘリオスはヒュペリオンとテイアーの息子と考えられていました。ヒュペリオンとテイアーは、大地の象徴であるガイアの子どもたちである、ティタン12神のなかの2神です。ヘリオスの妹セレネは月の女神でした。毎日ヘリオスは太陽の馬車で東から西へ空を翔け、毎夜世界の西の果ての海、オケアノスを通って東に戻りました。ホメロスによれば、馬車はピロイス、イーオス、イーソン、フレゴンという4頭の荒馬にひかれていました。

　ホメロスは『オデュッセイア』のなかで、オデュッセウスとその一行がどのようにトリナキエにたどり着くのかを物語っています。トリナキエは、ヒュペリオンが太陽神ヘリオスの聖なる赤い牛を飼っていた島です。オデュッセウスは部下に、牛に触れないよう警告しますが、部下は食糧がなくなると数頭を殺して食べてしまいました。これを聞いたヒュペリオンはゼウス（神々の父）に、牛を殺した者たちを殺さなければ、太陽を地下に連れていくと警告します。そこでゼウスはオデュッセウスの船を稲妻で破壊し、オデュッセウス以外の全員を殺しました。

　ローマ帝国の文化がギリシャの文化に浸透してくると、ヘリオスは次第に光明の神アポロンと同一視されるようになりました。なかにはヘリオスとアポロンを一緒にしてしまった物語もあります。古代ローマには、ほかにソルという太陽神がいましたが、いずれの文化においても、徐々にアポロンが、太陽崇拝と最も密接にかかわる神になっていきました。しかし、それとときを同じくして、ギリシャでは太陽崇拝が翳りを見せ始めます。ヘレニズム期後期には、ヘリオスを熱心に崇拝するのは、ロードス島などの2～3の地域のみになりました。ロードス島のある宗教的な行事では、信者が4頭の馬に炎をあげる馬車をひかせ、崖から海に飛び込んでいました。

アレクサンダー大王を太陽神
ヘリオスとして描いた壺の破片。

日本神話：天照大神

　天照大神は、日本に古くからあり今なお信仰されている宗教である、神道の太陽の女神です。神道の数々の儀式は、ほかの宗教にも劣らず複雑な神話に満ちています。

　日本の神話によると、ある日、天照大神は弟であるスサノオに乱暴をはたらかれ、天岩戸に逃げ込みました。彼女が巨大な岩で入り口を塞ぐと、世の中は真っ暗になってしまいます。神々は天岩戸のすぐ外で祭りを催すこととし、そこに美しい珠や大きな鏡を置きました。アメノウズメという女神は、品のない踊りを披露して神々を笑わせます。音楽と笑い声と踊りの騒ぎを聞いて、天照大神は岩戸を開け、鏡に映った自分の美しさを目にします。そのあまりの美しさに引き寄せられ、彼女は天岩戸から出て、再び世の中を照らし始めました。

1918年に描かれたこの絵には、音楽やほかの神々の笑い声を聞いた天照大神が天岩戸から姿を現したところが描かれている。

イラン神話：ミスラ

　太陽神ミスラ（ミトラースともいいます）は、インド、バビロニア、ギリシャ・ローマを含む数々の文明に登場しますが、その起源はイラン、もしくは古代ペルシャに遡るということで、多くの研究者の見解は一致しています。イランでは、紀元前558年にはすでにこの神が信仰されていたことが知られています。

　ミスラの物語とイエスに関するキリスト教の話には類似性があります。確かに、どちらの信者の間でも、この2人の神には「道」「真実なるもの」「光明」などの呼び名がつけられています。ミスラは「善き羊飼い」として描かれてきました。イラン神話によれば、ミスラは12月25日に洞窟で生まれ、神と人間の仲介役をしていました。ミスラは健康と安寧をもたらす善意の神とみなされていました。初期に描かれたミスラは、白馬にひかれた炎の馬車に乗っている姿で表されています。

このローマのレリーフは、宇宙の卵からミスラ（ミトラース）が誕生するところを示す。短剣と松明をもち、12星座に囲まれている。

ナバホ族の神話：ツォハノアイ

　ナバホ族はツォハノアイ神を崇拝していました。ツォハノアイは太陽を背負って空をわたり、夜には家の西側の壁の釘にかけておくのだと考えられていました。ナバホ族の神話によれば、ツォハノアイには、ナイェネズガニとトバジスツィニという名の2人の子どもがいましたが、子どもたちは別居中のツォハノアイの妻と一緒に西のほうに住んでいました。子どもたちは成長すると、人々を苦しめている悪霊を一緒に退治してほしいと考え、父のツォハノアイを探しに旅に出ます。旅の途中、彼らはクモ女から、自分たちの安全を守ってくれる2枚の魔法の羽をもらいました。やがて彼らはツォハノアイを見つけます。大喜びしたツォハノアイは、悪霊を撃退するための魔法の矢を子どもたちに授けたということです。

伝統的なナバホ族の家であるホーガン。入り口は朝日が昇る東に面している。

太陽崇拝

北欧神話：フレイ

　北欧の神フレイは太陽、晴天、豊穣と関連づけられており、しばしば巨根をもつ神として描かれます。彼は人類に喜びと平和をもたらすと考えられていました。北欧神話では、フレイは海神ニョルズの息子とされ、グリンブルスティという猪に乗り、いつでも風を帆に捉えることができる魔法の船をもっているといわれています。船は使わないときは、折りたたまれ、小袋に入れられていました。

　最も詳細な北欧神話によれば、フレイは人間のゲルズに恋をし、彼女を妻とするために、自ら自在に戦うことのできる魔法の剣を手放さざるをえなくなりました。北欧の予言では、魔法の剣を失ったフレイは、終末の戦いとなるラグナロクで殺されるだろうとされています。ラグナロクでは世界が水に沈み、生き残ったたった2人の人間によって、人類が再生されることになります。

11世紀にスウェーデンでつくられた北欧神話の太陽神フレイの小像。

ポリネシア神話：ラー

　ポリネシアでは太陽神はラーとよばれていましたが、ほかの神話の太陽神ほどは崇拝されていませんでした。それどころか、ラーは半神半人の英雄マウイによって、空を駆ける速度を落とすように強いられたのです。ポリネシア神話では、マウイの母が日中に樹皮で服をつくるための時間が足りないため、ある朝マウイは、妻であるヒナの聖なる髪でつくったロープで、昇ってくる太陽を捕まえ、亡き祖母の魔法の顎骨で太陽を打ちました。打たれた太陽は、その後、常に足を引きずりながら空をわたるようになり、マウイの母がはたらくための昼間の時間が長くなりました。

マウイは亡き祖母の顎骨を、太陽の動きを遅くするためだけではなく、ニュージーランドを含む島々を海から吊り上げるのにも使った。

メソポタミア神話：シャマシュ

　メソポタミアの人々はシャマシュという名の太陽神を崇拝していました。シャマシュは地上のすべてを見ることができるため、正義の神として知られ、玉座に座る王として描かれました。シャマシュには、法を司るミシャルと公正を司るキトゥという2人の子どもがいました。シャマシュは毎朝東の出口から出て空を西へと向かい、毎夜地下を通って東の出口に戻り、再び西に向かうと考えられていました。シャマシュはしばしば象徴的に翼のある太陽の円盤として描かれました。

玉座に座るシャマシュが、バビロニア王ハンムラビにハンムラビ法典を手渡している。ハンムラビ法はおよそ4000年前のこの石牌の下部に彫られている。現在この石牌はパリのルーブル美術館にある。

人生の目的は、太陽と月と天を調べることである。

アナクサゴラス（紀元前 459 年）

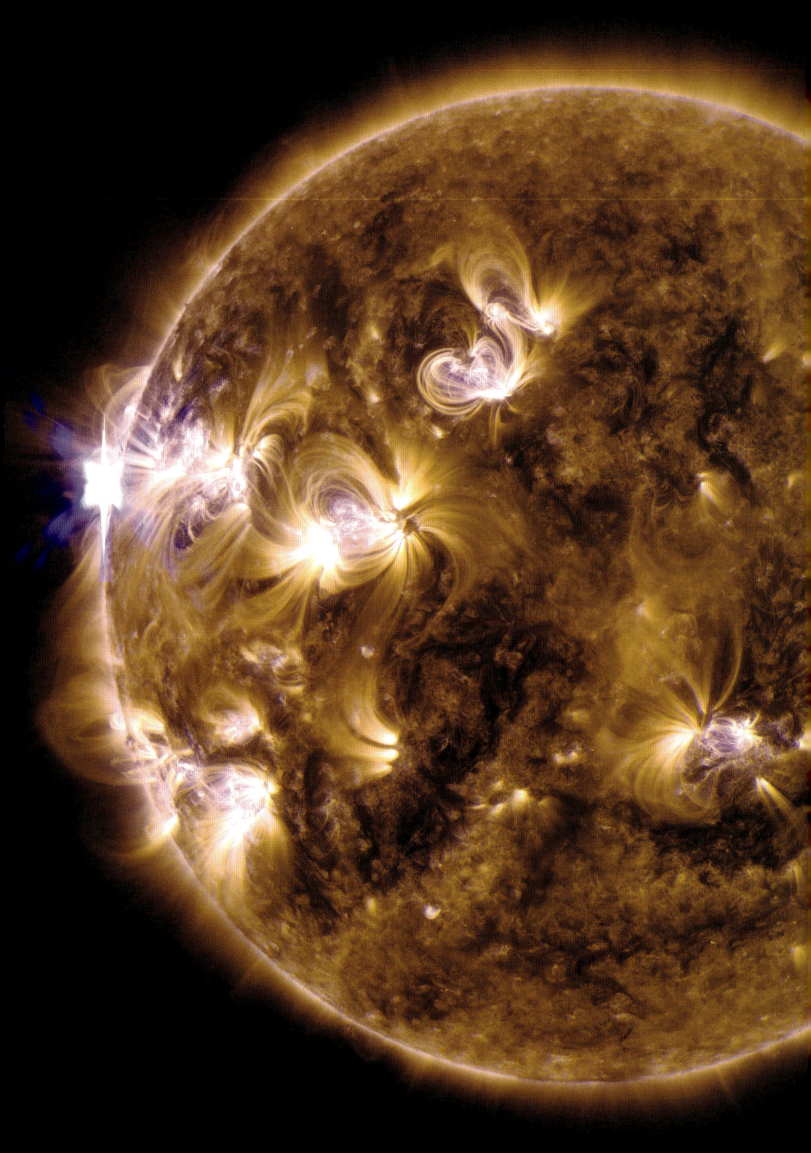

5

太陽の歴史

　古代の人々は空を観察し、太陽、星、惑星が地球の周りを回っているように見えることに気づきました。そのうえ、彼らの目には地球は動いていないように映ったのです。その論理的な結論は、地球が宇宙の不動の中心で、ほかのすべてのものは地球の周りを完全な円を描いて動いているに違いないということでした。紀元前4世紀のギリシャの哲学者プラトンとアリストテレスは、彼らの時代以前から存在するこの地球中心説の考え方に、最高の論理的説明を加えました。

　プラトンはその有名な著書『国家』において、いくつもの透明な球体が地球を取り囲んで重層しているのが宇宙であると記述しています。ロシアのマトリョーシカ人形のように、1つの球体がほかの球体のなかに入れ子になっていると考えていたのです。球体は地球を中心として外側に月、太陽、金星、水星、火星、木星、土星の順に配置され、プラトンが天球とよんだ巨大な一番外側の殻に、恒星が散りばめられていると説きました。天体は運命の3女神が回す必然の女神の紡錘に従って動いていると、彼は考えていました。

アリストテレスモデル

　アリストテレスは、宇宙の動きについて、プラトンよりも数学的な（とはいえ、やはり誤った）説明をしていました。球体としての地球は、やはり宇宙の中心です。しかし、ほかのすべての天体は、エーテルという消えることのない物質でできた、47〜56ある完全に透明な同心球に付着しているとしました。アリストテレスによれば、4元素（土、水、空気、火）の自然の本性は、宇宙における物質の配列を明らかにしています。土は最も重い元素なので、中心（下）に向かって最も強い動きを見せ、土ほど重くない水は地球を取り囲む層を形成する傾向があります。空気と火はさらに軽く、中心から離れて上方向に動いていく傾向があります。エーテルはさらに軽く、天体に組み込まれます。これによって、物質でできた惑星が、最も遠くにあるのはなぜなのかについて説明を可能にしています。

　さらに、アリストテレスは一番外側にもう1つ「第一動者」が住む天体があると考えました。彼は、最外層のこの天体を「第一動者」が一定の角速度で回転させ、その回転運動が内側のそれぞれの天体に影響し、宇宙全体が回転するのだと考えたのです。アリストテレスの説は、同心球にあるそれぞれの天体がそれぞれ異なる、しかし一定の速度をもつことの説明を可能にし、結果として惑星の動きの多くの特徴が説明可能になりました。

　しかしアリストテレスモデルの明白な論理をもってしても、古代ギリシャの人々が観測した天体の動きのすべてを説明することはできませんでした。観測された動きのなかでも最も問題となったのは、明らかに逆行するいくつかの惑星の動きです。時々速度を落とし、軌道上を逆方向に動き出し、また速度を落とし、再びもとの方向に動き出すように見える惑星がいくつか存在したのです。エーテルでできたアリストテレスの天体は地球からの距離と動く速度が一定であることになっているので、逆行する動きが観測されることの説明ができなかったのです。

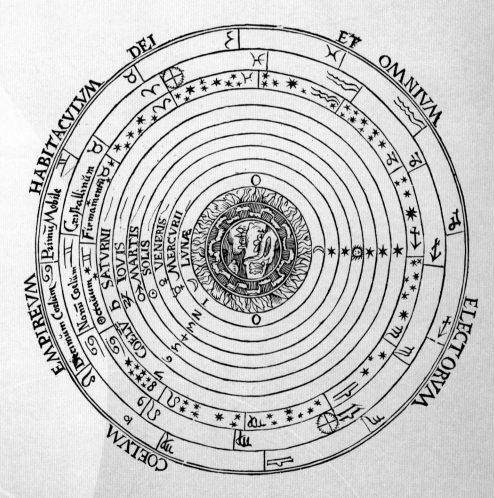

ペトルス・アピアヌスによる1539年版『宇宙形状誌』掲載の版画。
アリストテレスの地球中心説を示す。

プトレマイオスモデル

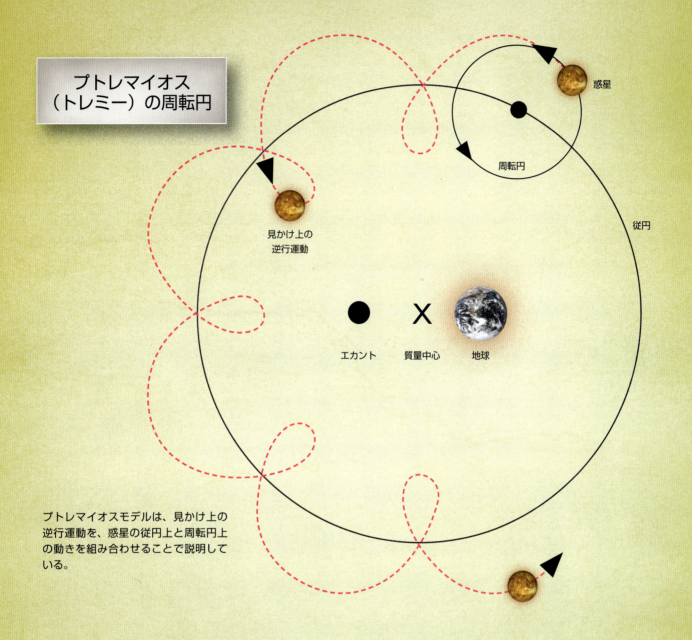

プトレマイオス（トレミー）の周転円

プトレマイオスモデルは、見かけ上の逆行運動を、惑星の従円上と周転円上の動きを組み合わせることで説明している。

　アリストテレスから500年以上後、ギリシャの天文学者クラウディオス・プトレマイオス（トレミー）は、その著書『アルマゲスト』において、やはり地球を宇宙の中心におきながらも、見かけ上逆行するような惑星の動きを説明できる宇宙モデルを考案しました。トレミーによれば、それぞれの惑星は2つか、それ以上の球体に沿って動いていました。1つは従円とよばれ、もう1つは周転円とよばれました。

　従円は、地球と、トレミーがエカントと名づけた宇宙における仮定的地点の、中間にあたる位置（質量の中心）を中心とする環です。惑星の周転円の中心は従円上にありました。惑星は周転円を回りながら同時に従円上を回っています。周転円が2つある惑星もありました。1つ目の周転円は従円上に中心があり、2つ目は1つ目の周転円上に中心がありました。これらの動きが組み合わさることで、惑星は地球により近づくこともあり、地球で観測する人が、惑星が速度を落として止まり、逆方向に動くことすらあると考えてしまうことも説明できるとしたのです。この複雑でありながらも洗練された惑星の見かけ上の逆行運動の説明は非常に説得力があり、ヨーロッパおよびイスラムの天文学者は、その後1000年以上もトレミーの宇宙論を受け入れることになるのです。

太陽の歴史　115

太陽中心説（地動説）

アリストテレスとプトレマイオスの説が圧倒的に優位ではありましたが、地球中心ではない宇宙論も何人かの哲学者や数学者や天文学者によって、早くは紀元前5世紀に提唱されていました。たとえば、ギリシャの哲学者ピロラオスは、宇宙の中心には中心火があり、その周りを地球、太陽、月、そして惑星が円運動をして回っていると考えました。

最初に太陽を中心とした地動説を唱えたのは、紀元前3世紀に活躍したサモスの天文学者にして数学者のアリスタルコスでした。太陽中心説について記述したアリスタルコスの文書で現存するものはありませんが、同時代を生きた人々によって記述されたものが残っています。たとえば数学者アルキメデスは、その著書『砂粒を数えるもの』において、宇宙はそれまで考えていたよりも何倍も大きく、太陽と恒星は不動で、地球は太陽の周りを円軌道を描いて回転しているという考えを提唱するアリスタルコスの著書について記述しています。

1493年に出版された『ニュルンベルク年代記』としても知られるシェーデルの『年代記』に挿入されたこの木版画には、太陽中心の宇宙を仮定したサモスのアリスタルコスが描かれている。

その後、ローマ帝国支配下のヨーロッパにおいても、太陽中心説は時折唱えられました。5世紀には北アフリカの学者マルティアヌス・カペッラが、金星と水星は太陽の周りを回っているという考えをもっていました。中世後期にはフランスの聖職者であるニコル・オレームが、地球は地軸を中心に自転しているのではないかと考え、ドイツの枢機卿ニコラウス・クザーヌスは、太陽か地球のいずれか一方が宇宙の中心であると考える理由があるのだろうかと問いかけました。

マラーガ革命

1259年、ペルシャ人科学者で天文学者のナスィールッディーン・トゥースィーが、現在のイラン北西部の都市マラーガ（マラーゲとしても知られる）の西にある丘に天文台を建てました。イスラムの最高の天文学者たちがここで学び、トレミーモデルにとってかわる、より正確に惑星の動きを予測できる天体配置を提唱し始めました。

14世紀、マラーガで学んだ天文学者の1人、イブン・アル＝シャーティルは、三角法を用いて、地球が本当の中心ではないことを立証しました。彼はその著書『根本を確かにすることの最高の願いの書』のなかで、地球を宇宙の中心からわずかに動かすことによって、プトレマイオスモデルにおけるエカント点の必要性をある程度排除した宇宙論を紹介しています。

厳密にいえば、アル＝シャーティルのモデルは太陽を宇宙の中心に置いたわけではありませんが、これこそが150年後に、ほとんど同じ（しかし太陽中心の）モデルをヨーロッパ諸国に提唱することになる、ポーランドの数学者にして天文学者のニコラウス・コペルニクスのひらめきのもととなったのではないかと、多くの歴史学者が考えています。しかし、コペルニクスにアル＝シャーティルの著書やマラーガ天文台でなされた研究についての知識があったということを、はっきりと証明した人は、いまだに誰もいません。

16世紀の写本にあるこのミニチュア絵画は、マラーガ西部にある天文台で書き物机の前にいるナスィールッディーン・トゥースィーを描いたもの。

太陽の歴史

コペルニクス革命

1543年、ニコラウス・コペルニクスはヨーロッパで初めてプトレマイオスの地球中心説に異を唱えました。『天体の回転について』において、コペルニクスは、天体の動きは地球を宇宙の中心に置かなくとも説明可能であることを論証しています。この著書のなかで、コペルニクスは自説の基礎となる以下の7つの命題を提示しました。

1. すべての天球に共通の、単一の中心は存在しない。
2. 地球の中心は宇宙の中心ではない。
3. 天球はすべて太陽の周りを回っており、太陽が宇宙の中心である。
4. 地球と天球最外層との距離はあまりに大きく、その距離との比較においては、地球と太陽の距離は感知できないほど微小である。
5. 天空に見られる動きは、現実に天空が動いていることによるものではなく、地球の動きによるものである。
6. 太陽が動いているように見えるのは、太陽の周りを回る地球の動きによるものである。
7. 惑星があたかも逆行しているように見えるのは現実のものではなく、地球の動きによるものである。

コペルニクスは、1533年には原稿をほぼ完成させていました。しかし、同時代の多くの人からの強い勧めにもかかわらず、彼は原稿を出版するのを固辞していました。自分の主張が生むであろう大きな反発を恐れたのです。コペルニクスが出版に乗り気でなかったのは、1つには自分の説がカトリック教会で支配的な見解と矛盾するものであり、聖書に記載される一般的な宇宙の理解とも矛盾するからでした。歴代志16:30には「世界は堅く立って、動かされることはない」と書かれており、伝道の書1:5には「日は出で、日は没し、その出たところに急ぎ行く」とあります。コペルニクスは、自分の説が世の天文学の理解ばかりか、こうした聖書の言葉に由来する伝統的なキリスト教の宇宙論をもひっくり返すことになるのを知っていたのです。

アンドレアス・セラリウスの『大宇宙の調和』(1660年) より。コペルニクスの地動説にもとづいた宇宙の図。

コペルニクスがカトリック教会の公式宇宙論とは矛盾する真理を発見する一方、ドイツの神学者マルティン・ルターに率いられた宗教改革は、カトリック教会に徹底的な改革を迫っていました。1539年、ドイツの神学者にしてルター派のフィリップ・メランヒトンは、オーストリアの若き数学者（そしておそらくプロテスタント）のゲオルク・レティクスが、コペルニクスに弟子として受け入れられるよう計らいました。レティクスは2年間コペルニクスのもとで学び、その後自身の著書となる『概要』を書きます。これはコペルニクスの地動説の要点をまとめたものです。レティクスの著書が好意的に受け入れられるのを見て、コペルニクスはついに『天体の回転について』の出版に合意しました。印刷はルター派の神学者アンドレアス・オジアンダーが仕切りました。オジアンダーは第1刷の印刷を1542年5月24日に終えますが、まさにこの日、コペルニクスは亡くなりました。オジアンダーが本をコペルニクスの手に置くと、彼は卒中による昏睡状態から目を覚まし、生涯をかけた研究を見届け、そして息を引き取ったと伝えられています。

　多くのプロテスタントがコペルニクスの著書の出版にかかわっていたことを考えれば、マルティン・ルターはこの本を歓迎しただろうと誰しも考えるでしょう。しかし、当初ルターは太陽中心説を最も声高に批判した1人でした。彼は夕食会の会話で旧約聖書ヨシュア記にあるギブオンの戦いの物語をもち出し、コペルニクスの説を非難したといわれています。物語では、ヨシュアをリーダーとするヘブライ人が、抵抗するギブオン人との戦いに勝利し、ベテ・ホロンの坂を追撃していました。しかし、ヘブライ人は夜になって敵が逃げてしまうことを恐れていました。そこでヨシュアは神に祈り、太陽に動かないよう命じます。ルター（およびほかの人々）はこの話を、太陽が実際は動いていたことの証拠としていました。つまり、宇宙の中心ではありえないことの証拠だと考えていたのです。

　コペルニクスの理論は、カトリック教徒のなかで大きな反対にあいました。ドイツのイエズス会修道士であるニコラウス・セラリウスは、1609年に発表された原稿のなかで太陽中心説を異端とし、真っ先に非難した1人でした。セラリウスもルター同様、ギブオンの戦いを記述したヨシュア記の一節を引用しました（ルター派とイエズス会士が何かに合意するなどということは、その後

コペルニクスは、刷り上がった著書『天体の回転について』の最初の1冊を、死の床で受け取ったといい伝えられている。19世紀に描かれたもの。

500年もの間ありませんでした）。最も強い批判のひとつは、イタリアのカトリック司祭、フランチェスコ・インゴリからのものでした。1616年、彼は太陽中心説を「哲学的に擁護できるものではなく、神学的に異端だ」と書いています。

「それでも地球は動く」

　カトリック教会の太陽中心説への敵対は、一連の出来事のなかで強まり続け、イタリアの数学者であり天文学者のガリレオ・ガリレイが、ローマカトリック教会の異端審問において有罪の判決を受け、終身刑を宣告されるまでになります。1609年、オランダ人による望遠鏡発明の話を聞くと、ガリレオは自分でより高度な望遠鏡を組み立て、すぐさま天体観測を始めました。そして1610年はじめには、月に見られる山々、木星を周回するいくつかの衛星、それに今日星雲として知られる星の雲の発見について、『星界の報告』という小さな本を出版したのです。ガリレオの主張は空想的に聞こえましたが、自分の望遠鏡で観測したイエズス会天文学者によって、ほどなく確かめられました。それにもかかわらず、カトリック教徒のなかには、聖書にもとづいて地球中心説を擁護し、望遠鏡をのぞいてみることさえ拒む人がいたのです。

ガリレオ（望遠鏡の右）が、ヴェネチア総督の前で自分のつくった望遠鏡の実演をしている様子。19世紀に描かれたもの。

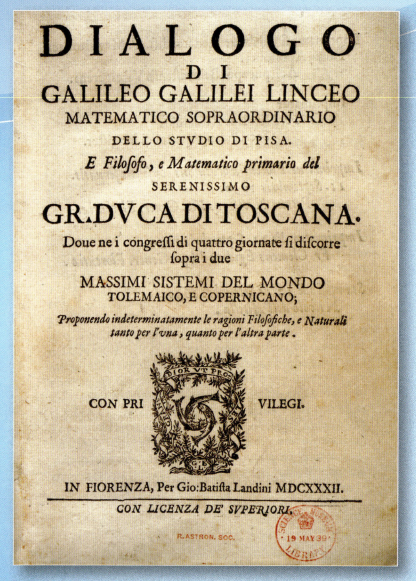

1632年出版の『天文対話』の扉。

　1613年のある日、哲学者コジモ・ボスカリアは、ガリレオの後援者であるトスカーナ大公コジモ2世と話をしていました。ボスカリアが、ガリレオの主張は聖書の言葉と矛盾していると断言すると、ベネディクト修道院大修道院長にしてガリレオのもと弟子でもあるベネデット・カステリが、即座に師の擁護を始めました。ガリレオはこの激しいやりとりのことを聞いて、すぐさまカステリに手紙を書きました。天体の動きに関する聖書の言葉の適切な解釈について、彼なりの意見を説明する必要があると感じたのです。こうして図らずも、自身の有罪宣告へとつながる一連の出来事の口火を切ってしまったのです。

　1614年の終わり、トマソー・カッチーニという名のドミニコ会修道士が、教会での激烈な説教のなかでガリレオを攻撃したのがひとつの始まりでした。カッチーニは、ヨシュア記のギブオンの戦いについて説教をしながら、ガリレオとガリレオを支持するすべての人を非難したのです。1615年のはじめ、カッチーニの友人でドミニコ会修道士のニッコロ・ロリーニは、ガリレオが書いたカステリあての手紙の写しを入手し、異端審問所の審問官でもある枢機卿パオロ・エミリオ・スフォンドラートに送りました。ロリーニのこの行為は、ガリレオを異端者として非難するために彼がローマに赴いたというニュースとともに、まもなくガリレオの耳にも届きます。その年遅くになって、ガリレオの体調は（友人の助言に反してまでも）ようやくローマへの旅ができるほどに回復します。彼は糾弾に対して弁明するため、ローマへ赴きます。

　1616年2月、神学者からなる委員会が論争を審査し、太陽中心説は「哲学的にばかげており、不条理であり、多くの点で聖書の意味するところと明らかに矛盾しているがゆえに、形式的に異端である」と結論づける全員一致の報告を伝えました。翌日、教皇パウルス5世は、太陽中心説を放棄するようにとの命令とともに、報告書をガリレオに届けるよう指令を出し、命令に従わなければより強い措置を講じると断じます。異論はあったものの、ガリレオはこの結論を受け入れました。しかし、太陽中心説は正式に異端であると宣告され、彼の名望は大きく傷つけられました。

　1623年、ガリレオを称賛していたウルバヌス8世が教皇になりました。しかし、教皇の座に就いた彼は、スペインの異端審問所から、ガリレオのような異端者とあまりに親しすぎ、教会を守ることに関してあまりに手ぬるいとの批判を受けます。この非難に対しての自己弁護もあり、ウルバヌス8世は、ガリレオに対し、彼が出版しようとしていた本のなかで、太陽中心説について賛否両方の議論（ウルバヌス8世の見解も含めて）を示すよう申し渡しました。

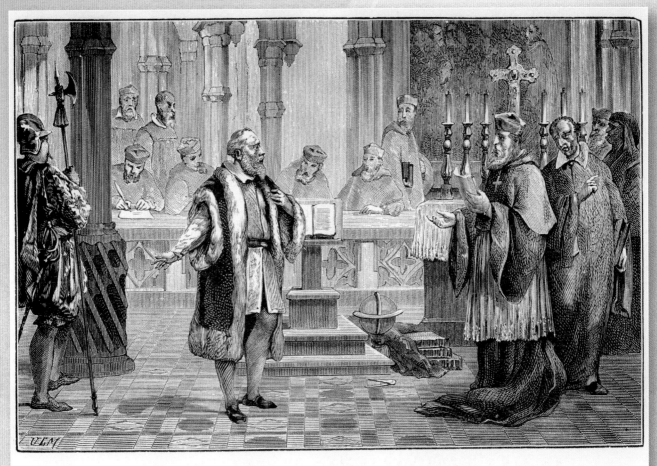
GALILEE ABJURE DEVANT LES JUGES DU SAINT-OFFICE LA DOCTRINE DU MOUVEMENT DE LA TERRE

ローマで異端審問を受けるガリレオ。1633年、彼は異端で有罪を宣告され、
この有罪判決は1992年まで取り消されることがなかった。

　1632年、『天文対話』が出版され、瞬く間に一般の支持を得ました。しかし、ガリレオはやりすぎてしまいました。この本は、サルビアーティという名の太陽中心説を支持する科学者と、シンプリチオ（「愚か者」という意味のイタリア語）という名の知的能力に欠ける哲学者との対話として書かれています。教皇ウルバヌス8世の太陽中心説に反対する議論はシンプリチオのせりふとして書かれ、嘲笑され、サルビアーティによって体系的に反証されるのです。

　ご想像のように、教皇はこれを不快に思いました。出版から数か月でウルバヌス8世は『天文対話』の販売を禁止し、その本文を審査のための特別な委員会に送ったのです。教皇の恩寵を失うことを恐れ、ローマのガリレオ擁護者の多くが彼を見捨てました。1633年、ガリレオは異端の容疑で裁判を受けるためローマに出頭するよう命じられます。

　6月22日、通り一遍の審理の後、ガリレオは「異端の疑いがはなはだしい」とされ、太陽中心説を「捨てさり、呪い、憎む」ことを要求されました。ガリレオは終身刑に処せられましたが、翌日になると刑は自宅軟禁に軽減され、この刑はガリレオの死まで続くことになります。『天文対話』は公式に禁書となり、ガリレオの著作物の出版は未来永劫禁止されました。刑を聞いたガリレオは、「それでも地球は動く」とつぶやいたといわれています。

太陽の歴史　123

望遠鏡を発明したのは誰？

1863年の木版画。ハンス・リッペルスハイが、店でレンズを使って遊ぶ子どもたちを観察していて望遠鏡の着想を得た場面。

いったい誰が望遠鏡を発明したのでしょうか。これは17世紀以降、議論の多い問題です。オランダの眼鏡職人ハンス・リッペルスハイは、実用的な最初の光学顕微鏡を設計したといわれています。リッペルスハイは、13世紀のイタリアで眼鏡が発明されたことで始まったレンズづくりを生業としていました。

ある物語によれば、リッペルスハイは2人の子どもたちが店でレンズを使って遊ぶのを見ていて、2枚のレンズを通して見ると、遠くにある風向計がより近くに見えることに気づいたとされています。子どもたちから着想を得たのか、何か別のことがきっかけになったのかはわかりませんが、「オランダ式望遠鏡」とよばれたリッペルスハイの最初の望遠鏡は、肉眼で見る大きさの3倍に対象を拡大するのに、2枚の凸レンズを使っていました。リッペルスハイは1608年、オランダのスターテン・ヘネラール（オランダの議会）に自作の望遠鏡の特許を申請します。同じくオランダのヤコブ・メティウスより、わずかに2～3週間早い申請でした。

ほかにも競合する特許の申請があったため、リッペルスハイの申請は却下されます。しかし、当時プロテスタントのオランダはカトリックのスペインと戦争中で、リッペルスハイの発明が戦いで役立つだろうと考えたスターテン・ヘネラールは、彼にかなりの報酬を支払っていくつか望遠鏡を組み立てさせました。秘密にされていたリッペルスハイの発明は、その後世界に伝わり、リッペルスハイは設計の特許権を主張する方法を実質的に失いました。

リッペルスハイが望遠鏡の発明者だといわれることは多いのですが、あるイギリス人が実用的な望遠鏡をそれより50年から70年ほど前に使っていたことが記された文書もあります。数学者にして測量技師のレオナード・ディッグスの息子であるトーマス・ディッグスが、1571年に書いた著書『パントメトリア』の序文において、父親が1540年から1554年にかけてのどこかで使用していた道具を以下のように記述しています。

トーマス・ディッグスは、太陽中心の宇宙を描いたこの図を、父レオナード・ディッグスの著書『不滅の予言』の1576年版に、付録として加えた。

「ちょうどよい角度に置かれた『比例ガラス』を使って、遠くにあるものを見つけたり、手紙を読んだり、広々とした野原で友人が投げたコインに刻まれた数字や記号を読んで、コインがいったいいくらあったのかを数えたりすることができた。そればかりか、11km離れた家のなかでその瞬間に何が起きているかまでも、あてることができたのだ」

自作の望遠鏡を総督レオナルド・ドナに見せるガリレオ。Henri-Julien Detouche 画。

　トーマスの文章は、レオナード・ディッグスがレンズと凹面鏡を組み込んだ原始的な機器をつくっていたのではないかということを示唆しています。しかし、仮にそうだとしても、レオナードのつくったものは、1554年、カトリック信者によるイングランド女王メアリー1世への反乱が失敗し、彼もその反乱に加わっていたことで、失われることとなりました。彼は死刑を宣告され、女王に没収された土地と財産をすべて放棄することを条件に、かろうじて絞首刑を免れたのです。

　望遠鏡を誰が発明したのかはともかく、商品化が最初になされたのはオランダでした。そのほとんどは、反射像が逆さまに見えないように、凸レンズと凹レンズの両方を使って組み立てられていました（ピカピカのスプーンに映った自分を見てみれば、凹レンズだけを使った場合の問題がすぐわかるでしょう）。

　1609年6月、ヴェネチアにいたガリレオは、この新しいオランダ式望遠鏡と、遠くの物体をより大きく近く見せられるその性能について耳にしました。ガリレオによれば、彼はパドヴァの自宅に帰ると、鉛の筒の一方の端に凸レンズをはめ込み、もう一方の端に凹レンズをはめ込んで、24時間かからずに最初の自作望遠鏡をつくったそうです。数日後、ガリレオはさらに優れた設計の望遠鏡を組み立てました。彼はそれをヴェネチアに運び、ヴェネチアの最高政務官である総督レオナルド・ドナに見せます。ドナが望遠鏡を上院で紹介すると、感銘を受けた上院は、2倍の給料とパドヴァ大学での終身ポジションをガリレオに授けました。

太陽の歴史

ドイツの数学者ヨハネス・ケプラーは、1611年に著した『屈折光学』において、望遠鏡の光学を数学的に分析しました。ケプラーは、2つの凸レンズを正確な角度で用いることで倍率を大きく向上させることはできるものの、倒立像の問題を解決することはできないと論じています。しかし、ケプラーは実際にはこの設計を用いて望遠鏡を組み立てたことはありませんでした。ドイツのイエズス会修道士で天文学者でもあるクリストフ・シャイナーが、1630年にケプラー式の望遠鏡を組み立てて、数学者ケプラーの理論がようやく実際に証明されることになったのです。その後、ケプラーの両凸レンズ仕様は大流行しました。

ガリレオが1609年から1610年にかけて製作した2つの望遠鏡。現在はフィレンツェにあるガリレオ博物館に展示されている。

曲面鏡を使って像をつくり出すという考えは紀元前4世紀から知られていましたが、最初の反射型望遠鏡は、1668年、アイザック・ニュートンが、錫と銅の合金でできた2枚の鏡を使った装置で完成させました。1枚目の鏡は、その焦点近くに置かれた、斜めに傾く2枚目の鏡に像を反射し、2枚目の鏡は反射された像を望遠鏡側につけられた接眼レンズに90度の角度で反射させます。このタイプの望遠鏡は、今日でもニュートン式望遠鏡とよばれています。

1671年につくられた、アイザック・ニュートン式反射型望遠鏡の2つ目のモデル。

分光法：動きに光をあて、星の組成を見る

　人類は太陽に探査機を送ったことはありませんし、近寄ることさえできていません。しかし、計画通りにいくと、2018年、SPP（Solar Probe Plus）という、これまでにつくられたなかで、蒸発することなく太陽に最も接近する太陽探査機が、アメリカ航空宇宙局（NASA）によって打ち上げられる予定です。この探査機は、これまでに考案されたなかでは最も優れた耐熱性を備えることになりますが、それでも太陽の彩層から590万kmは離れていなければ、役に立たなくなってしまいます。

　人間は太陽に行ったことがありませんし、太陽を構成する物質のサンプルを採れるほどに近づくこともできません。だとしたら、太陽のほとんどは水素とヘリウムでできており、それ以外の氷などでできているのではないと、どうして確信をもっていえるのだろうかと思う人もおそらくいるでしょう（氷だなんて、まさかと思う方もいるでしょう。とても長いタイトルですが、1798年に出版された科学者であり神学者のチャールズ・パーマーの著書に『我々の偉大なる天体、太陽が、氷のかたまり以外の何物でもありえないことを十分に証明する日光反射信号の、崇高な科学に関する論文』という本があるのです。太陽は神のエネルギーを地球に集めるレンズの形をした一種の巨大な彗星であるというのが、パーマーの理論でした）。いくつもの幸運な出来事が重なり、光がもつ奇妙な性質がいくつか偶然発見され、光源についてたくさんのことがわかるようになりました。光の光子は情報が詰まった小さなパックで、適切な操作をすれば光子から星の組成物や動きを知ることができるということがわかったのです。その光の源である太陽も例外ではありません。

動き

　病人を搬送中の救急車のサイレンを聞いたことがありますか？ 救急車が近づくにつれてサイレンの音はどんどん高くなりますが、通りすぎると今度はどんどん低くなり、やがてサイレンの音は聞こえなくなります。この現象は、1842年にこれを最初に説明したオーストリアの物理学者クリスチャン・ドップラーの名にちなんで、ドップラー効果とよばれています。ドップラー効果は、音を聞いている人に対して、音波が相対的に圧縮したり拡張したりする結果起こるものです。救急車があなたに向かって走ってくるときは、サイレンからの音波は圧縮されます。あなたの耳には、音波間の距離が短くなることで、より高音になって聞こえるのです。救急車が走りすぎると、今度はサイレンからの音波の距離はどんどん広がっていきます。音波間の距離が大きくなると、あなたの耳にはより低い音として聞こえるのです。

　ドップラーは、この効果がどんな波動であっても生み出されるはずで、遠い星からの光も同じだと推測しました。星が地球に近づけば、地球に立って星を見ている人には光の「波」が圧縮されて届くはずだと考えたのです。それにしても、そんな変化をいったいどうやって発見できたのでしょうか？ 答えは分光学にあります。分光学とは、物質とその物質が発するエネルギーとの相互作用についての学問です。

クリスチャン・ドップラー。1830年。

太陽の歴史　127

分光法

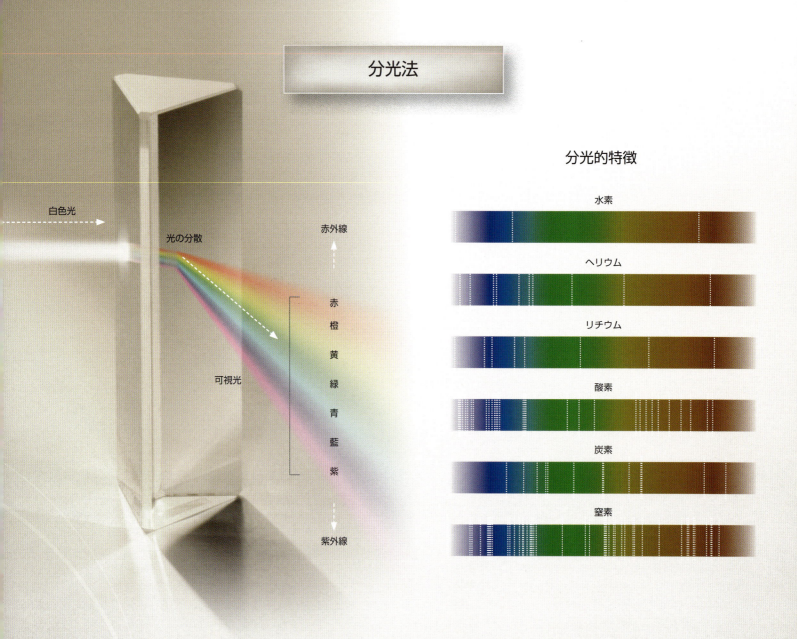

組成

　1835年、イギリスの物理学者でマイクロフォンの発明者でもあるチャールズ・ホイートストンは、金属をスパークさせると異なる色が出るのを見て、金属の発する電磁放射のスペクトルの違いを見れば、金属を識別することが可能ではないかということに気づきました。たとえば、熱を加えることで原子のなかの電子が励起されると、吸収されるエネルギーによって、電子は原子のなかのよりエネルギーの高い軌道に押し出されます。電子が興奮状態を抜け出すと、再び低いエネルギーの軌道に落ち、余分なエネルギーを光子として放出します。放出された光子の波長（振動数）は、熱を加えられた元素の放出スペクトルをつくります。すべての金属はそれぞれ固有の異なる振動数で光子を放出するのです。

　1854年、アメリカの物理学者デイヴィッド・アルターが「異なる金属の燃焼によってつくり出される光の性質について：プリズムにより屈折する電光」という、12の異なる金属の放出スペクトルを特定した論文を発表しました。アルターは、スペクトルの分析は流れ星や光る隕石の元素を検出するために、天文学でも使えるのではないかと考えました。アルターの論文発表の数年後、イギリスの天文学者ウィリアム・ハギンズとその妻マーガレットはこの方法を利用して、星は地球上で発見される元素と同じいくつかの元素でできていることを究明しました。

線と色

　1802年のあるとき、イギリスの化学者ウィリアム・ウォラストンは、プリズムを通る太陽の光を観察していて興味深い現象を目にしました。よりはっきりしたイメージを得ようとして、ウォラストンはまず太陽光が金属の狭いスリットを通過するようにしたのです。そして見えたのは、スペクトル上のあちこちに現れた細い黒の縦線でした。その黒い線は色と色の間にきれいに現れたわけではありませんでしたが、ウォラストンは「色と色の間の境界線」と記述しました。実際は、太陽光スペクトルは常に連続したつながりとして、1つの色が明確な境界のないまま次の色に溶け込んでいたのです。

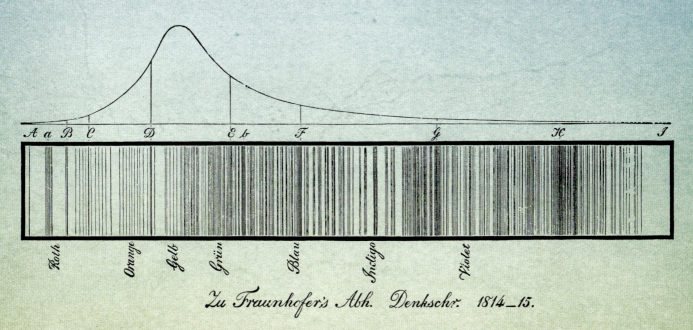

スペクトルに現れた黒い線をヨゼフ・フォン・フラウンホーファーが図にしたもの。望遠鏡からの太陽光をプリズムに通すと現れた。

　それからほぼ10年後、ドイツの光学機器製作者ヨゼフ・フォン・フラウンホーファーは、さまざまなレンズやプリズムを使った実験をしていました。完全に滑らかな光を映し出す方法を見つけようとしていたのです。かわりに彼が発見したのは、細いスリットを通し、さらにいくつかのプリズムを通した光は、はっきりした黒の縦線をたくさんつくり出すということでした。プリズムの配置の微調整をすることで、彼は固定された線が574本あるスペクトルをつくり出すことができました。そして賢くも、スペクトルの赤い端から彼はそれらの線に文字と数字で名前をつけました（A、B、C1、C2、C3、など）。何十年もの間、これらの黒い線がどうしてできるのかは、誰にもわかりませんでした。しかし、以後それらの黒い線は「フラウンホーファー線」として知られるようになります。

　1859年、ハイデルベルク大学の2人の教授、グスタフ・キルヒホフとローベルト・ブンゼン（彼の名を冠したブンゼンバーナーを、現在の形に改良した化学者）は、科学のためかあるいは純粋な楽しみのためかはわかりませんが、いろいろなものに熱を加えて白熱させ、発せられる光を細いスリットとプリズムに通して観察していました。2人のこの「火遊び好き」は、プリズムを通った光の色が肉眼で観察した色とは全く異なることに気づきました。たとえば、彼らが水銀を燃やすと不気味な青い光が見えるのですが、プリズムを通って見えるのは紫、緑、そして黄色のスペクトルだったのです。彼らは、自分たちが肉眼で観察した色はプリズムが生み出した3色のスペクトルの寄せ集めなのではないかと、正しく推測しました。分光器を使うことで、熱した元素にかかわらず、発せられる光の本当の色を見ることができたのです。

太陽の歴史　129

それだけでなく、キルヒホフとブンゼンは、すべての元素がそれぞれ常に同じパターンの色を発することに気がつきました。いわば、それぞれの元素が光でできた固有のサインをもっているということです。つまり、どんな物質も、燃やした結果発せられる光を分光器に通せば、燃やした物質に何の元素が含まれていたのかを正確に判断することができるのです。1年近くも同じプロセスで実験を重ね、2人は分光器を太陽の光で試してみることにしました。その結果彼らが発見したのは、フラウンホーファーが以前名づけたものと同じ、説明できない黒い線の入ったスペクトルでした。ただ、今回2人は線の意味を理解することができました。ブンゼンは友人への手紙にその発見を興奮ぎみに記述しています。

「現在キルヒホフと私は寝る間も惜しいと思うようなある調査に従事しています。キルヒホフが太陽スペクトルにできる暗線の原因をつきとめるという、全く予想外のすばらしい発見をしたのです。彼はそれを『実験室で』、しかもフラウンホーファー線と一致するように、再現することができるのです。つまり、太陽と恒星の組成を究明するための方法が見つかったのです」

さまざまな物質を燃焼させ、粗削りな分光器を通して見ることで、ブンゼンは後に、それまで見たことのない青いスペクトル線に気づきました。彼は、それがまだ知られていない元素の存在を示しているに違いないと推論します。1860年春、ブンゼンは元素を取り出すことに成功し、ラテン語で「紺碧」を意味する「セシウム」と名づけました。1861年、ブンゼンはこの新しいスペクトル分析によって、ラテン語で「深紅」を意味する言葉が語源の「ルビジウム」を発見します。

グスタフ・キルヒホフ（左）とローベルト・ブンゼン（中央）。右はイギリス人化学者ヘンリー・ロスコー。

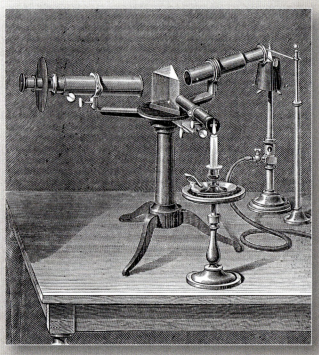

グスタフ・キルヒホフとローベルト・ブンゼンが使用したタイプの分光器。

赤方偏移と青方偏移

　ドップラーが予測した通り、遠ざかっていく星から放たれた光を観察すると、その波長は伸びていきます。これは、その光の分光的特徴を、電磁スペクトルの赤い端のほうに偏らせる結果を生みます。赤外線は可視光よりも波長が長いからです。それゆえ科学者はこの現象を赤方偏移とよびます。同じように、近づいてくる星から放たれた光を観察すると、その波長は圧縮されるでしょう。これは、その分光的特徴を青の端のほうに偏らせることになります。紫外線の波長が可視光の波長より短いからです。もうおわかりの通り、この現象は青方偏移とよばれています。

　フラウンホーファー線には、光源の元素を明らかにしてくれるということ以外にも恩恵があることがわかっています。赤方偏移や青方偏移の判断に役立つのです。星が放つ光から長い時間をかけて検知した元素のスペクトルを見比べさえすればよいのです。スペクトルが右（赤外線の方向）に偏っていれば、その星は地球から遠ざかっていることになります。スペクトルが左（紫外線の方向）に偏っていれば、星は地球に近づいていることになります。ほんのわずかな赤方偏移、青方偏移からでも、天文学者は太陽の地球に対する動きを知ることができます。そして驚くべきことに、太陽は地球と相対的に、常に動いているのです。標準的な天文単位を使って考えたとしてもです。

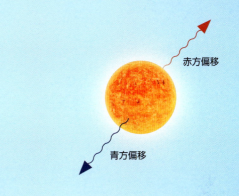

赤方偏移

青方偏移

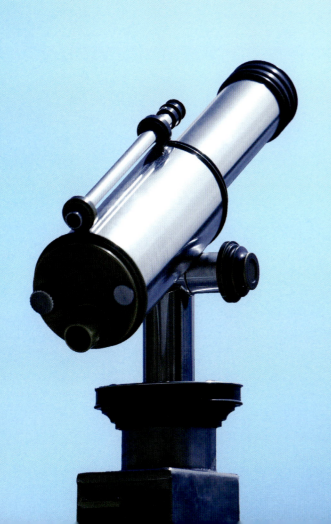

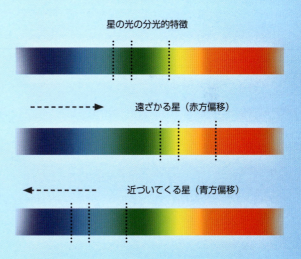

星の光の分光的特徴

遠ざかる星（赤方偏移）

近づいてくる星（青方偏移）

太陽の歴史　131

ハワイ島のマウナケア山頂にある天文台群のうちの2つ。

近代の望遠鏡

　望遠鏡は、アイザック・ニュートンが1668年に鏡を組み合わせて設計したものから、その後220年以上、あまり変わりませんでした。しかし、ほかの数多くのことと同じように、20世紀の幕開けでいくつもの大きな変化が起こりました。1910年代には、アメリカの天文学者ジョージ・ウィリス・リッチーが、フランスの天文学者アンリ・クレチアンと組んで、全く新しいタイプの望遠鏡を考案しました。リッチー・クレチアン式望遠鏡は、従来の反射型望遠鏡で使われた凸面鏡とレンズの組み合わせではなく、2枚の双曲面の鏡を用いています。今日、専門的な研究用の望遠鏡の多くに、リッチー・クレチアン式の設計が使われています。

　望遠鏡が大きく複雑になっていくと、科学者はそうした望遠鏡を収めるための、より大きく複雑な天文台を建てるようになりました。一般的に天文台は、光害ともよばれる過剰で押しつけがましい人工の光を避けるため、主要な都市部から遠く離れたところに建てられています。20世紀半ば以降からは、多くの天文台が高所に建てられるようになりました。大気中の水蒸気を通過する、光による歪曲を避けるためです。そうした天文台で一番大きく（かつ最もよく知られる）のが、ハワイ島にあるマウナケア火山の頂上近くに設置されたマウナケア天文台でしょう。一番の高所ではありませんが、マウナケアは地上観測所のなかでは最高の光学像を生成します。世界で最も高いところにある天文台は、東京大学アタカマ天文台で、チリのアタカマ砂漠にある人里離れた山の頂上、標高5640mに位置しています。

最初の巨大望遠鏡

　1892年、フランス下院議会議員のフランソワ・デロンクルは、1900年のパリ万国博覧会の目玉として巨大な望遠鏡の建設を委託しました。それまでにつくられた屈折望遠鏡のなかでは最大のものになる予定で、レンズは直径が1.25mで焦点距離が57m、長さほぼ60mの鋳鉄製の管にすべてが収められることになっていました。その途方もない大きさのため、望遠鏡は水平に固定されなければならず、空からの光は移動可能な飛行機、あるいはシデロスタットという磨くのに9か月もかかる、直径約2mの鏡で方向を変える必要がありました。

　科学分野での使用は想定されていませんでしたが、この望遠鏡は500倍以上に拡大した像をつくり出すことができました。フランスの天文学者シャルル・ル・モルヴァンは、月表面の写真を何枚か撮影し、雑誌『ストランド・マガジン』の1900年11月号にそれらの写真を掲載して読者を驚かせました。

　残念ながら、その途方もない大きさから事実上動かすことができなかったため、このパリ万博の巨大望遠鏡は販売が困難でした。万博の後、望遠鏡を組み立てた会社は破産宣告し、望遠鏡は1909年に競売にかけられました。それでも買い手が見つからず、解体されて金属スクラップになりました。しかし、直径約2mのシデロスタット・ミラーはもち出され、パリ天文台に展示されました。2007年には天文台の地下で、梱包用の木箱に入った巨大望遠鏡の2枚のレンズが見つかりました。

電波天文学

　1930年代はじめ、ベル研究所に勤務するアメリカ人物理学者カール・ジャンスキーは、大西洋を横断する音声伝送を妨害する雑音を調査していました。ジャンスキーは繰り返される信号を録音しましたが、彼の計算によると、それは天の川銀河のなかで最も密度の濃い領域にある、射手座から発せられているようでした。1933年、ジャンスキーは雑誌『ネイチャー』に調査結果を発表しました。その後まもなく、アマチュア無線家のグロート・レーバーは、自宅の裏庭に放物局面のパラボラアンテナを立て、高周波の電波を探す最初の空の調査を行いました。天体から発せられる電波を検知して天体の研究を行う、電波天文学の誕生です。

カール・ジャンスキーと彼のアンテナ。
1930年代はじめ、ニュージャージー州ホームデル。

ニューメキシコ州のカール・ジャンスキー
超大型干渉電波望遠鏡群にある電波望遠鏡。

電波望遠鏡は、電磁スペクトル上の赤外線周波数よりも長い波長の放射を探すという点で、光学望遠鏡とは異なります。太陽を含む多くの天体が、可視光だけでなく天体の発する電波によっても観測可能なのです。

1972年、アメリカ連邦議会は、直径25mの独立したアンテナ27基を、ニューメキシコ州ソコロに立てるための予算を承認しました。6か月後、超大型干渉電波望遠鏡群（Very Large Array：VLA）の建設が始まりました。それから20年以上、VLAは宇宙を探査し、かつては理論上のものでしかなかったブラックホール、クエーサー、パルサーなどの天体現象の発見に役立ってきました。2012年、10年以上におよぶ改良の後、電波天文学の父に敬意を表し、VLAは「カール・ジャンスキー超大型干渉電波望遠鏡群」と改名されました（スタンリー・キューブリックの「2010年」やカール・セーガンの「コンタクト」などの映画で描かれるような地球外知的生命体探査には、VLAは使われていません）。

カール・ジャンスキー超大型干渉電波望遠鏡群とハッブル宇宙望遠鏡が観測した像を合成したもの。ヘラクレスA銀河（3C348）の中心部にある超大質量ブラックホールから、ほとんど光速に近いスピードで飛び出す、壮観なエネルギー粒子のジェットを捉えている。

2009年5月、4回目のサービスミッションの後、ハッブル宇宙望遠鏡がスペースシャトルアトランティスから離れていく様子。

宇宙望遠鏡

科学者が地球上で天体観測を行おうとすると、大気中の電磁放射によってゆがみ（ちらつき）が生じます。アメリカの天体物理学者ライマン・スピッツァーは、「宇宙望遠鏡の天文学的利点」と題された1946年発表の論文のなかで、そうしたゆがみを避けるために光学望遠鏡を大気圏外に置くことを、初めて提案しています。スピッツァーはその後のキャリアのほとんどを、このアイデアを実現させるために費やすことになりました。1962年、ついに、アメリカ科学アカデミーが、急成長を見せている宇宙計画に宇宙望遠鏡の開発を含めることを提言する報告書を発表します。その後まもなくスピッツァーは、そうしたプロジェクトの科学的目標を明確にするために組織された委員会の委員長に任命されました。しかし、スピッツァーの努力にもかかわらず、アメリカは、1989年にヒッパルコス衛星を打ち上げた欧州宇宙機関に先を越されることになりました。

ヒッパルコス衛星は最初の光学宇宙望遠鏡になりましたが、世界最大にして最も多才な望遠鏡は、何といっても間違いなくNASAのハッブル宇宙望遠鏡でしょう。ハッブル宇宙望遠鏡が当初の予定通り1983年に打ち上げられていれば、ヒッパルコス衛星より6年近く早い打ち上げになっていました。しかし、技術的な問題や予算超過、そして1986年にNASAがスペースシャトルのチャレンジャーを事故で失ったことにより、ハッブル計画は大幅に遅れることになりました。さらに、1990年になってようやく打ち上げられると、主鏡に像をゆがめてしまう設計上の欠陥があることがわかりました。1993年、NASAのスペースシャトルの宇宙飛行士が、その種のサービスミッションとしては初めてとなる試みで、ハッブル宇宙望遠鏡の部品の交換や修理を行いました。

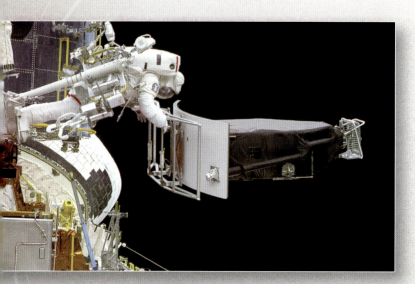

1993年の最初のサービスミッションにおいて、より強力なWFPC2と交換するために、宇宙飛行士がハッブル宇宙望遠鏡から広域惑星カメラを取り外している様子。

1993年の修理以降、ハッブル宇宙望遠鏡から送られる遠い空の天体の詳細な画像は、天文学に、そして宇宙についての人々の理解に、飛躍的な進歩をもたらしました。ハッブル宇宙望遠鏡からのデータは、論文審査のある専門誌で発表された9000を超える学術論文の基礎をつくりました。ハッブル宇宙望遠鏡のおかげで、宇宙の年齢についての私たちの推定値は精度が上がり、また重力に関しては、私たちが理解していると思っていたすべてのことを覆し、宇宙は実は加速度的に膨張しているということがわかったのです。

ハッブル宇宙望遠鏡がカリーナ星雲のなかに捉えた、高さが3光年にもなる暗黒星雲。

写真上：2004年にハッブル宇宙望遠鏡が捉えた、特異変光星V838Monから発せられる星間塵。
中心で輝いているのが赤色超巨星V838Mon。

次ページ写真：ハッブル宇宙望遠鏡、チャンドラX線観測衛星、スピッツァー宇宙望遠鏡から得られた
データを合成した小マゼラン雲のイメージ。2013年。

ケプラー探査機のイメージ図。

　2009年3月、ハッブル宇宙望遠鏡から息をのむような宇宙の画像が絶え間なく送られてくるなか、NASAは探査機ケプラーを打ち上げました。コペルニクスの地動説を断固として擁護した17世紀のドイツの数学者であり天文学者のヨハネス・ケプラーに敬意を表してその名をつけた探査機です。ハッブル宇宙望遠鏡は宇宙を隈なく調べるために設計されていますが、ケプラーのミッションは太陽以外の恒星をめぐる太陽系外惑星の発見に絞られています。この任務は聞こえるほどに容易ではありません。太陽の輝きが太陽周辺の物体を見えなくしてしまうのと同じように、太陽系の外にある系外惑星を直接見て発見するのは（ケプラーの先進的な光学をもってしても）ほとんど不可能です。

　ケプラーは超高感度光度計を用いて、14万5000個を超える恒星を、固定した視野で継続観測します。ケプラーのデータは地球に送信されると科学者が分析し、系外惑星が中心となる恒星の前を通過する際に起こる周期的な減光の証拠と考えられそうな現象を探します。こうした非常に微妙な明るさの変動から、ケプラーは2165を超える系外惑星候補を見つけ、そのうち122個が確認されています（2013年現在）。

太陽の歴史　141

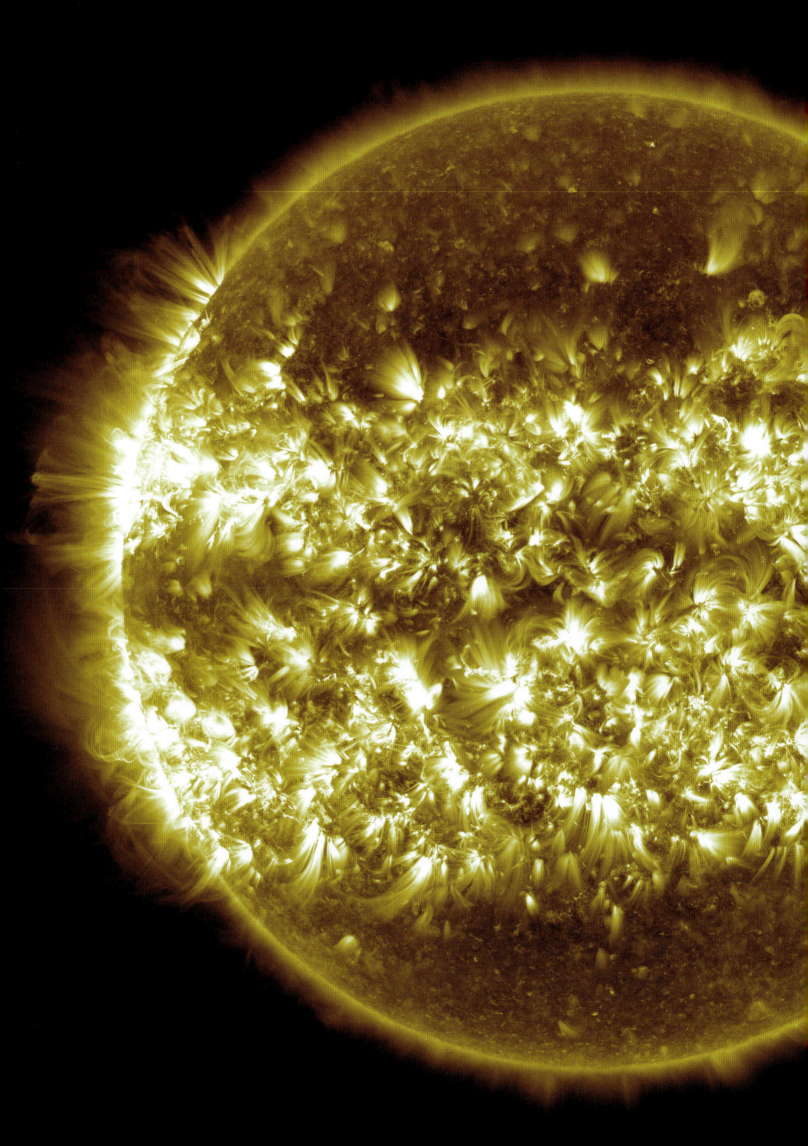

6

太陽の威力

　太陽コロナのプラズマが吸収するエネルギーは膨大で、荷電粒子は太陽の重力を逃れて時速160万km超の太陽風としてあらゆる方向に噴出していることがわかっています。最近になってようやく、その原因と考えられることが発見されました。彩層からコロナの最外層まで伸びる電磁気を帯びたループ状のプラズマの束が、太陽表面で磁力線が絶え間なくプラズマの束を解いてまっすぐにしようとするのに逆らって、莫大な量のエネルギーを放出するのです。プラズマ粒子はあらゆる方向に発散され、地球に向かってくるものもあります。（監修者注：左の写真は、SDO衛星で撮られた極紫外線像〔171Å〕で、2012年4月から2013年4月までの1年間の画像を合成したものです）

地球の磁気圏

　幸いにも、地球は地球の磁場をつくっています。地球の内核は鉄・ニッケル合金の固体球で、直径はおよそ1220kmです。厚さ約2260kmの外核の組成もほぼ同じですが、外核にあるこれらの電気伝導性のある鉄・ニッケル合金は温度が6100度にも達し、液体の状態です。太陽の対流層と同様に、地球外核の溶融金属も、マントルに向かって熱が外側に運ばれると対流を生みます。この液体金属の動きが、地球の表面から外側に広がる磁気圏という電磁場をつくり出すのです。

　1950年代後半に最初の衛星が打ち上げられ、科学者は地球磁気圏の威力を理解し始めました。衛星からのデータを分析することで、地球が、電離層といわれる地表から約50〜1000kmの領域に広がる、荷電粒子の帯に取り巻かれていることがわかったのです。荷電粒子は地球内部から発せられている電磁力によって、今日バン・アレン放射線帯とよばれている領域に閉じ込められていることもわかりました。これらの粒子によって、地球の磁場は、予想よりもはるかに宇宙深くまで広がっていたのです。

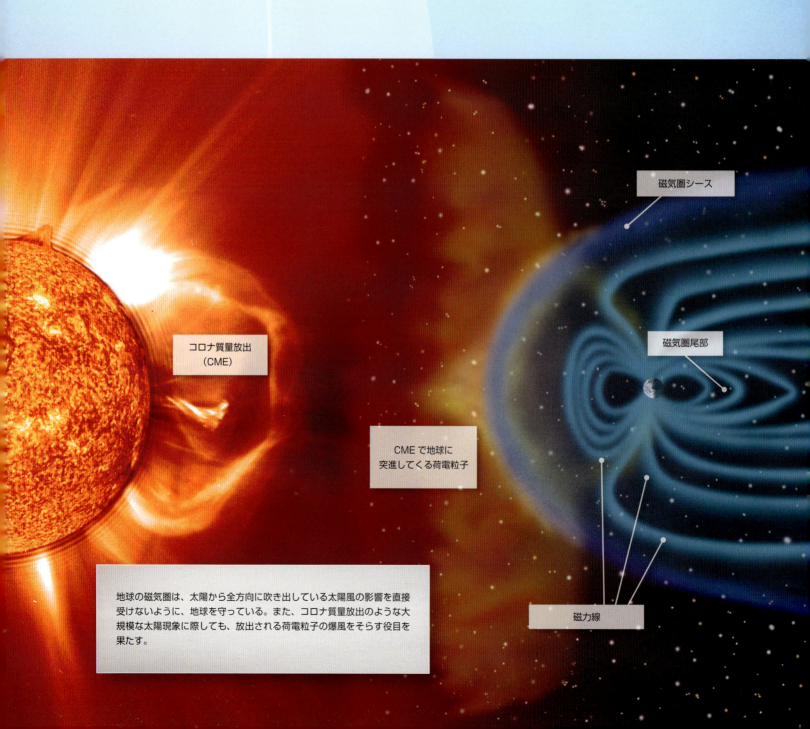

コロナ質量放出（CME）

CMEで地球に突進してくる荷電粒子

磁気圏シース

磁気圏尾部

磁力線

地球の磁気圏は、太陽から全方向に吹き出している太陽風の影響を直接受けないように、地球を守っている。また、コロナ質量放出のような大規模な太陽現象に際しても、放出される荷電粒子の爆風をそらす役目を果たす。

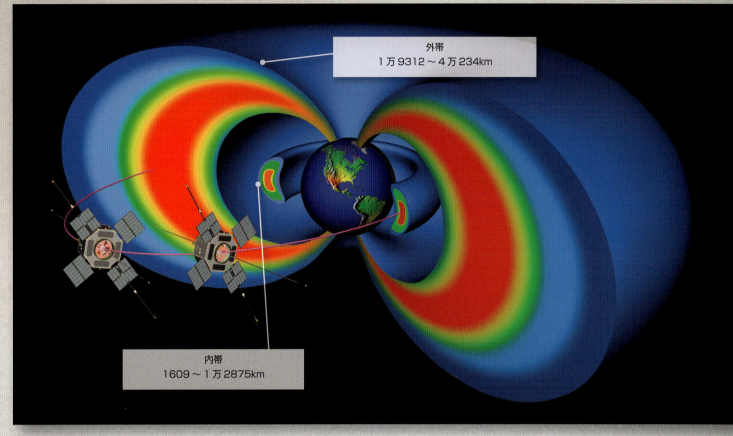

バン・アレン帯探査機（放射線帯嵐探査機）は全く同じ2機の探査機で、
バン・アレン放射線帯の詳細データを集めるため、2012年8月に打ち上げられた。

　地球の磁気圏の形は、太陽風との関係によります。太陽風からの圧力は太陽側の地球の磁気圏を圧縮し、磁気圏は地球の半径の、およそ6倍くらいになっています。地球の半径は6371kmなので、磁気圏は3万8000km以上宇宙に広がっていることになります。太陽と反対側の地球の磁気圏は、地球の周囲を回り込むように吹く太陽風に吹き流されるかのように、地球から伸びています。これにより、いわゆる磁気圏尾部がつくられ、地球の半径の1000倍近く、すなわち640万kmくらいまで伸びていることになります。

地磁気極

　地球の主たる磁力線は、地磁気北極、地磁気南極で地表につながっています。磁気極が地理学上の北極、南極と同じでないことは、皆さんもご存じでしょう。しかし、磁気極が動き回るということはご存じなかったのではないでしょうか。地球外核で動き回っている溶融金属は1か所に留まっていることはないので、そこで生まれる磁力線も一緒に動きます。過去100年ほどの間に、地磁気北極は1046kmも動いているのです。

　しかし、本当に興味深いのは、1989年以降その動きが加速していて、年間8kmほどだった移動距離が、75kmを超えるほどにまでなっているということです。なんと、1時間に8.5m近く動いているのです！　何が原因で加速しているのか、いつかは減速するのかなど、確かなことはわかっていません。さらに奇妙なことに、地理的南極からおよそ2900kmも離れている地磁気南極の動きは、減速しているのです。地磁気北極は地理的北極から加速度的に離れていっていますが、地磁気南極の動きは年間およそ5kmほどに減速しています。

2012年3月、国際宇宙ステーション滞在中の宇宙飛行士が、北大西洋東部上空で撮影したもの。左側のオーロラが右側の明るい日の出と対照をなす。地球上に見える光はアイルランドとイギリスの都市のもの。

2008年1月8日、地球と火星が並び、アメリカ航空宇宙局（NASA）の科学者は太陽風の地球と火星への影響を比較することができました。地球には、地球を保護する磁気圏がありますが、火星にはありません。結果は驚くべきものでした。太陽風は、いずれの惑星にも同じような圧力を生みましたが、火星の大気では地球と比べて10倍の速度で酸素が失われたのです。何百万年もの間に火星の大気は太陽風によって剥ぎ取られましたが、地球の大気は、地球の磁気圏のシールド効果が太陽の電磁気の流れの大部分を防いだために守られたのだと、科学者は結論づけました。

同じく2008年、太陽風観測のために設計されたNASAの小型人工衛星、IBEX（Interstellar Boundary Explorer）からのデータによって、磁気圏の防護メカニズムが明らかになりました。太陽風が通過する際に、惑星を取り巻く荷電粒子と電荷をやりとりすると、どの惑星でも大気が失われます。幸いにも地球には磁気圏があるために、電荷の交換は大気圏の上層で起こるのですが、そこは空気の密度があまりに低く、電荷の交換はほとんどの場合あまり活発ではありません。

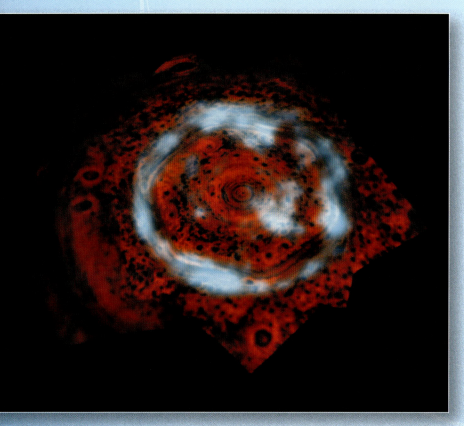

土星の北極域に現れたオーロラとその下の大気。
NASAの探査機カッシーニが、赤外線の波長で捉えた。

太陽風と地球の磁気圏の間で起こる電荷交換の副産物が、地球の両極付近で起こる荘厳な光のショー、北極光（北極近辺に現れるオーロラ）と南極光（南極近辺に現れるオーロラ）です。両極の空高くで起こる荷電粒子の衝突によって、驚くほど美しい色が生み出されますが、その色は大気中の原子が吸収するエネルギーによって決まります。

太陽風のエネルギーが大気中のイオン化した原子（通常は酸素と窒素）と衝突すると、原子のなかの電子が励起し、一時的によりエネルギーの高い軌道を回るようになります。その後電子がよりエネルギーの低い軌道に戻るとき、原子は元素の性質によって異なる波長の光子を放出します。たとえば、酸素原子からの光子の放出は緑色か暗赤色に見えますし、窒素原子からの光子の放出は青色か赤色に見えます。大気のレベル（元素の混合割合）でできる色が混ざり、夜空に美しい虹のショーを生むのです。

息をのむような光のショーは、オーロラ帯（磁気極から10～20度の位置の、緯度にして3～6度の厚さのリング）に限られています。しかし、特に強い磁気嵐が起こると（たとえば、コロナ質量放出に伴う高エネルギー粒子が、直接地球の大気を強く打つ場合など）、オーロラは通常よりずっと南（あるいは北）の熱帯地方でも、見られることがあります。

オーロラができるのは地球だけではありません。木星と土星は、どちらも地球よりもはるかに強力な磁場をもっています。たとえば木星の磁場は、地球の磁場より14倍も強力です。NASAのハッブル宇宙望遠鏡が、木星と土星、さらには天王星や海王星の周りに現れた巨大なオーロラの写真を撮影しています。

磁気圏に穴？

　2007年2月17日、NASAは重量約129kgの5機の同一の衛星を打ち上げ、地球磁気圏内の軌道に投入しました。THEMIS（The Time History of Events and Macroscale Interactions During Substorms）ミッションは、「サブストーム」とよばれる、地球磁場が突然乱れて電荷を電離層の最上層部まで放出する現象が起きたときに、磁気圏のエネルギーがどのように解放されるのかを分析するために設計されました。2007年の終わりにTHEMISは、地球の大気圏上層部が、ビルケランド電流とよばれる電磁エネルギーの「ロープ」を通して、直接太陽コロナにつながっていることを発見しました。ビルケランド電流という名前は、1908年に初めてオーロラの性質を解明した、ノルウェーの科学者クリスチャン・ビルケランドに由来します。

　しかし、ビルケランド電流をはるかにしのぐ、THEMISの驚くべき発見が、2007年6月3日にありました。この日、5機すべてに搭載されたセンサーが、1秒間に10オクティリオン（これは10の後に0が27個つくということです）個の粒子という、通常をはるかに超えるレベルで、太陽の荷電粒子が磁気圏に流れ込んでいるのを記録しました。この粒子の奔流に打ちつけられ、ビルケランド電流が地球磁気圏と太陽コロナの間に導管をつくる地球両極のはるか上空で、突然電流が広がり、磁気圏に地球の4倍ほどの大きさの裂け目をつくったのです！

　最も驚くべきことは、太陽磁場と地球磁場が正方向に並んでいるときでさえも、磁場が引き裂かれ穴が開いたということです。それまでは、北向きの太陽磁気の突風が吹いてきて地球の赤道上の磁気圏に激突したら、2つの磁場が互いに強め合って、地球磁場のその部分の太陽風の粒子に対するシールド効果が強化されるだろうと考えられていました。ところがTHEMISが明らかにしたのは、北向きの磁力線でも磁気圏の極付近で穴を開けることがあり、大気圏上部の保護層の荷電粒子を増加させ、コロナ質量放出やその他の撹乱がまさにそのタイミングで地球を襲ったら、太陽嵐が起きるのに完璧な環境ができ上がってしまうだろうということだったのです。

軌道上のTHEMIS探査機のイメージ図。

紫外線放射

可視光スペクトルの紫の外側では光子の波長は短くなり、電磁スペクトルは紫外線のスペクトルに入ります。「UV放射」としても知られていますが、このスペクトルのエネルギーは、X線と最も密接に関係しています。つまり、ガンの原因となる深刻な懸念を引き起こすのです。紫外線はエネルギーの波長によって、近紫外線（波長 400～300nm）、中間紫外線（波長 300～200nm）、遠紫外線（波長 200～100nm）、極端紫外線（波長 100 nm 未満）に分類されます（参考までに人間の髪の毛の太さはおよそ 10 万 nm です）。人間に最も影響を及ぼしやすい紫外線は、波長 400～315 nm の UVA、波長 315～280nm の UVB、そして波長 280～100nm の UVC です。10 nm 未満の放射線は一般的には X 線として知られています。

2010年10月、地球と月の距離よりも長いフィラメントが、太陽の南半球を横断しているのが観測された。フィラメント中央の北側にある明るいスポットが、フィラメントの発生源とみられる黒点からの UV 放射。

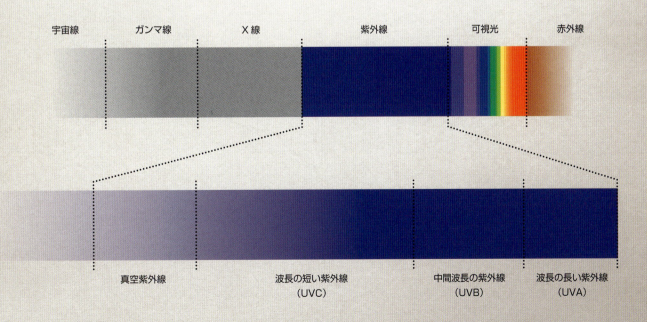

太陽からはすべての波長の放射がありますが、UVCよりも波長の短い紫外線エネルギーはほとんど地表に到達しません。太陽が真上にあるときでも、紫外線放射は地球に到達する太陽光全体の3％にも満たないのです。地球大気圏の最も高いところで紫外線放射として吸収されるエネルギーの総量は、1m²あたりおよそ140ワットです。しかし、光が地表に到達するまでに、エネルギーの75％以上が大気圏でカットされてしまいます。よって、地球表面の1m²あたりに届く紫外線放射は、およそ34ワットです。参考までにiPhoneの充電器はおよそ5ワットのエネルギーをつくり出します。

　紫外線放射を少し浴びることにはよいこともありますが、UVBに過度にさらされると炎症を伴う深刻な日焼けとなり、それは皮膚ガンとも関連があるとされています。事実、皮膚ガンの発生率は高度と緯度によって変わります。地球の表面においても、太陽にどれだけ近いかによって紫外線放射の被ばく量が異なるのです。ヴァージニア州やノースカロライナ州に住んでいる人々には、ヴァーモント州やニューハンプシャー州に住んでいる人よりも、皮膚ガンの発生リスクが約2倍あります。さんさんと陽が降り注ぐフロリダ州やテキサス州に住む人々のリスクは、さらに倍になります。

　アメリカでの皮膚ガン発生率は毎年5％増加しています。医師の多くが、この増加は老齢化の進むベビーブーマー世代が温暖な地域に移住していることが原因だと考えています。フェニックス、ラスベガス、フォートローダーデールなどに移り住んで、ゴルフをしたりビーチで日光浴をしたりして、有害な太陽からの放射を浴びて老後を過ごしているのです。毎年5％の増加というのはかなり深刻な懸念材料です。現段階でも、100人のうち、およそ男性3人に女性1人の割合で、メラノーマを発症することになるのです。

　UVC放射はさらに強力なエネルギーなので、きわめて危険です。メラノーマ全体の約92％に結びつけられるようなダメージを、人間のDNAに引き起こすのです。以前はUVA被ばくは無害だと考えられていましたが、2011年、WHO（世界保健機関）は、UVAを含むすべての波長の紫外線放射を、グループ1の発ガン性物質に分類しました。これは、人間に対して発ガン性が認められる物質のなかで、発ガン性が最も高く危険とされる指定です。

皮膚ガン発生率の増加は、少なくとも部分的には、引退したベビーブーマー世代が、陽の降り注ぐ温暖な地域に移住し、より多くの時間を屋外で過ごしていることに原因があると考えられる。

日焼け止めはUVBによるDNAの損傷を防ぐことに役立ちます。SPF値（Sun Protection Factor：太陽光線保護指数）はUVB-PF（UVB保護指数）ともいわれます。しかし、SPFはその日焼け止めのUVA保護効果については、消費者に実質的に何も伝えてくれません（UVCへの保護効果は全くありません）。酸化チタン、酸化亜鉛、アヴォベンゾンなどの化合物が含まれていなければ、UVA放射に対して保護効果があるのかどうかは疑わしいでしょう。

紫外線放射被ばくの有害な影響は、深刻な健康上の懸念をもたらします。しかし、もしも紫外線放射にさらされることがなかったとしたら、地球上の生命体は進化することはなかったかもしれません（あるいは生命体が生まれることすらなかったかもしれません）。進化生物学者の多くが、太陽の紫外線放射被ばくがあったからこそ、惑星表面で生きられる生命体が生まれるのに必要なタンパク質や酵素を、初期の生命体がつくり出すことができたのだと考えています。

初期の単細胞生物は、原始の海の水面に上がってくるときに致死量の紫外線放射にさらされました。その結果、放射を浴びた生物のほとんどが絶滅しました。これは、紫外線放射の大部分をブロックするのに大きな役割を果たしているオゾン層が、地球の上空にできるずっと以前のことです。わずかに生き残ったのは、紫外線放射被ばくによる細胞崩壊を克服できる特別な酵素をつくり出す能力を、遺伝子変異でもつようになった生命体でした。適者生存によって、これらの生命体が生き残ったことが、やがて常に紫外線にさらされながらも惑星表面で生き残る能力をもった生命体の進化につながったのです。

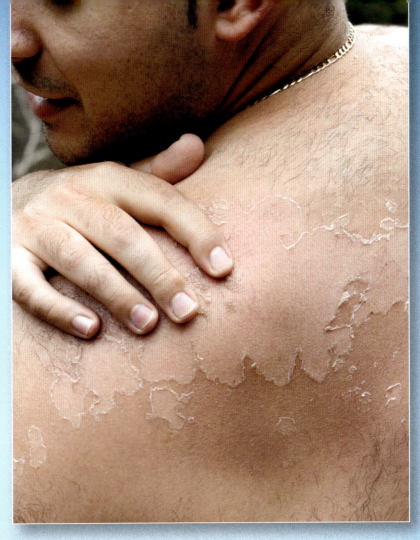

アメリカ皮膚ガン財団によれば、5回以上重度の日焼けをした人はメラノーマを発症するリスクが通常の倍になる。

UVB放射とUVA放射両方に保護効果があるのは、酸化チタン、酸化亜鉛、アヴォベンゾンなどの化合物が含まれた日焼け止めのみ。

太陽の威力

ビタミンD：太陽からの奇跡のサプリメント

厳密にいえば、ビタミンDはビタミンではありません。「ビタミン」は、生命維持に必要な有機化合物でありながらも生物が自ら生成することができないため、食物から摂取しなければならない有機化合物を指します。しかし、ほとんどの哺乳類は、太陽光を浴びてビタミンDを生成できるように進化しています。実際、陸上で生活する動物は、3億5000万年前の石炭紀の初期以来、自らビタミンDをつくり出していると考えられています。その後異なる生物に進化していますが、体内でビタミンDが生成されるしくみはほぼ同じです。

30分程度、身体全体を太陽光にあてるだけで、光化学過程によって、多くのサプリメントで得られる以上のビタミンDを生成することができます。皮膚の一番外側の層がUVBにさらされると、7-デヒドロコレステロールの元素構造にある環が1つ開き、プレビタミンD_3が生成されます。このプレビタミンD_3が、皮膚の熱で、ビタミンDの前駆体であるセコステロイドビタミンD_3に変換されるのです。

血中の輸送タンパク質はビタミンD_3を皮膚から肝臓に運び、肝臓に運ばれたビタミンD_3は特殊な酵素によってカルシフェジオールに変換されます。カルシフェジオールはビタミンDが貯蔵された状態で、生物学的に不活性な物質ですが、活性化したビタミンDに変換される可能性をもっています。私たちの体内でカルシフェジオールが活性化したビタミンDに変換される方法は2つあります。

ほとんどのカルシフェジオールは腎臓に運ばれ、腎臓でさらに別の酵素によって活性化したビタミンDに変換されます。するとビタミンDは腎臓で特別な輸送タンパク質と結合し、身体中の器官へと運ばれるのです。ビタミンDが体内を巡りながら、血中のリン酸塩とカルシウムの濃度を調節していることを示す証拠がいくつかありますが、これは骨の健康な成長に必要不可欠です。

カルシフェジオールはまた、マクロファージ中で活性化したビタミンDに変換されます。マクロファージとは、体内の細菌をまさに「食べて」しまう特別免疫細胞です。マクロファージは通常、炎症を抑え、特定の領域に侵入しようとする細菌に対して身体が自己防御するのを助けるために、ビタミンDを局所的に使います。

30分の日光浴で、日常的なサプリメントの摂取で得られる以上のビタミンDを生成できる。

UVB 放射

皮膚

7- デヒドロコレステロール

プレビタミン D₃

体内での
ビタミン D 生成
メカニズム

光子のエネルギーが 7- デヒドロコレステロール（皮膚にあるコレステロールの一種）の構造をこじ開け、7- デヒドロコレステロールを体内で重要な栄養素に変換するのを助ける。

ビタミン D₃

ビタミン D₃ が血中に入る。

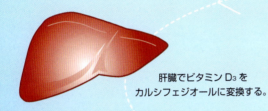

肝臓でビタミン D₃ をカルシフェジオールに変換する。

カルシフェジオール

マクロファージがカルシフェジオールを活性化したビタミン D に変換し、炎症を軽減するために局所的に利用する。

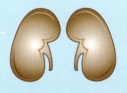

腎臓がカルシフェジオールを活性化したビタミン D に変換し、輸送タンパク質はそれを体中の器官に運ぶ。

活性化したビタミン D

活性化したビタミン D

太陽の威力

ビタミン D と自閉症

自閉症は最も急速に増加している発達障害で、カリフォルニア州を拠点とするある研究によれば、その数は1990年以降1100%も増えているそうです。現時点では明確な科学的根拠はありませんが、ビタミン D カウンシルの研究者は、この急上昇が太陽光を浴びる機会が不足していることと関連していると考えています。彼らが指摘する統計や事実に以下のものがあります。1つは雲に覆われることの多い地方で自閉症発生率が高いことを示す統計です。もう1つはビタミン D レベルが高緯度の同地域に住む白人の約半分しかない黒人は、自閉症発生率が白人のほぼ倍になるという事実です。しかし、低緯度の陽がさんさんと降り注ぐ、住民が長時間屋外で過ごす地域では、黒人の間でも自閉症はあまり見られません。

医師たちは長い間、ビタミン D は人間の健康に役立つものだと考えていました。ビタミン D の欠乏は、骨軟化症（くる病）を引き起こす可能性があります。これは骨を軟化させその健康的な成長を妨げる病気で、特に子どもに多く発症します（訳者注：日本では小児の骨軟化症をくる病、骨成長後の大人の場合は骨軟化症として区別しています）。ビタミン D の不足は多発性硬化症やある種のガンと関連づけられています。

最近では、インフルエンザや結核にかかりにくい身体能力に関連して、ビタミン D の効果を高く評価する医師もいます。ビタミン D カウンシルという非営利団体は、昨今の過度の紫外線対策に、屋外で遊ぶよりも屋内でコンピューターの前に座ることを好む行動様式が組み合わされ、自然に生成されるビタミン D の慢性的な欠乏症を引き起こしていると指摘しています。アメリカ疾病管理予防センター（Centers for Disease Control：CDC）のあるレポートは、アメリカで生まれる赤ん坊の90％は、推奨される量のビタミン D を摂取できていないと推定しています。

さらに恐ろしいことに、ビタミン D 欠乏は自閉症発症率の増加に関連があることを示唆する研究もいくつかあります。アメリカ科学アカデミーは2010年の報告書において、ビタミン D の1日あたりの推奨摂取量を、幼児は400IU（International Units：国際単位）に、成人は600IU に、高齢者は800IU に引き上げました。これはそれまでの推奨値からは大幅な引き上げでしたが、同アカデミーの4人の医師はあまりに控えめな数値だと主張し、抗議のため辞職しました。彼らはもっと高いレベル（成人については1万 IU への引き上げ）が必要だと考えたのです。

摂取量はともかく、自然に生成されたビタミン D を多く安定的に摂取することの有益性は、多くの研究で裏づけられています。天文学者のボブ・バーマンは、十分に太陽の光を浴びることで、アメリカだけでも年間15万件ものガンによる死亡を防げるだろうと考えています。感染率も下げられ、骨の疾患や心臓血液の疾患を患う何百万もの人々の健康と安寧の向上にもつながるかもしれません。

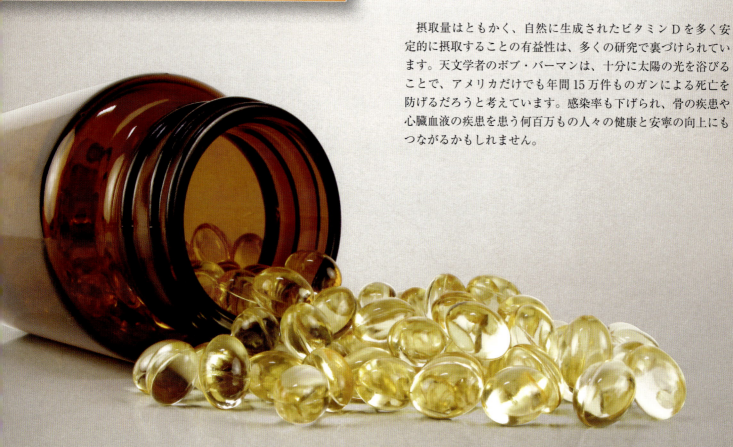

太陽エネルギーの利用

　地球は常に、およそ17万4000テラワットの太陽放射エネルギーに覆われています。地球の大気圏上層部で太陽放射エネルギーのおよそ30％は宇宙に跳ね返されますが、より地表に近い雲まで到達して跳ね返されたり吸収される太陽放射もあります。それでも、地球表面に届く太陽エネルギーの総量は膨大です。毎年、地球上の石炭や石油や天然ガスやウランから私たちが取り出すエネルギーの2倍以上の太陽エネルギーが、地球の表面に到達しているのです。

　先史時代から、人間は太陽エネルギーから光や熱を利用する方法を見つけてきました。しかし、大量の太陽エネルギーを集め、電気に変える方法を開発したのは、ほんの100年ほど前からです。太陽光で電流を起こせることを最初に発見して以降、太陽エネルギーから電気をつくり出すいくつかの方法が開発されてきました。しかし、大量の太陽光から電力を生み出す基本的な方法は、実用的には、太陽光発電（photovoltaic：PV）、集光型太陽熱発電（concentrated solar power：CSP）、タワー型太陽熱発電の3つです。

太陽光発電

　太陽光発電は、太陽光があたると電子が励起して、電流を生み出す物質でつくられた太陽電池（PVセル）を使って電気をつくります。今日、ほとんどの太陽電池はいくつかのタイプのシリコンでつくられています。驚かれるかもしれませんが、純粋なシリコンは太陽電池をつくるにはあまり有益ではありません。メーカーは「ドープ」あるいは「ドーピング」とよばれるプロセスを用い、いくらか不純物を添加して、シリコンの導電性を高めます。

　リンまたはヒ素を添加したシリコンは、不純物によって負（negative）に帯電した電子が余計にあるので、n型シリコンとよばれます。ホウ素またはガリウムを不純物として添加するp型シリコンには電子の空席があり、正（positive）に帯電した「ホール（穴）」を格子状につくって、近くを漂う電子が埋めてくれるのを待ち構えています。

　これらの2種類のシリコンを接触させると、n型シリコンにある自由電子はp型シリコンにあるホールを埋めようと突進します。pn接合（2つのシリコン層の境界面）付近に結びついた電子とホールがたまると、2つの層と重なる電場ができます。この電場が障害となって、さらなる自由電子がpn接合を越えてn型からp型に移動することを防ぎます。

　ここで太陽光の登場です。適切な波長の光子が太陽電池に衝突すると、エネルギーは吸収され、電子とホールのペアを分離します。電場があることで、自由電子はp側からn側に移動することはできますが、逆方向の動きは止まります。するとp側にあるホールに再び移動しようとする電子は、外部の通り道を利用するのです。n層前面の電極、あるいは電気接点が、p層背後にある電極につながった回路へと電子を導きます。これが電流をつくり出し、デジタル計算機から町全体のあらゆるものに電力を供給するときに使えるのです。

　ソーラーパネル上にはたくさんの太陽電池を並べられます。何千ものソーラーパネルを設置して巨大な配列にすると、莫大な量の電力をつくり出すことができるのです。2012年、アメリカ陸軍は、ニューメキシコ州の砂漠の真ん中にあるホワイトサンズ・ミサイル実験場に、何千枚ものソーラーパネルを設置しました。世界最大となったこの太陽光発電パネル配列は、4メガワット超の電力を生み出します（1メガワットを維持できれば、大きな団地に十分な電力を供給することができます）。

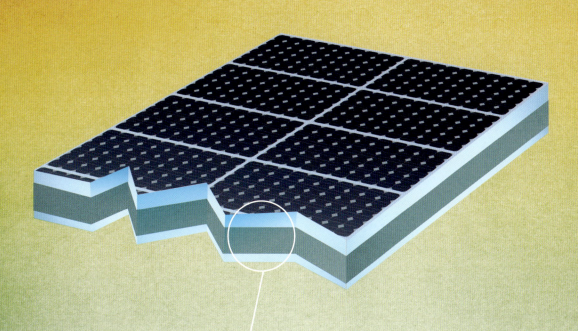
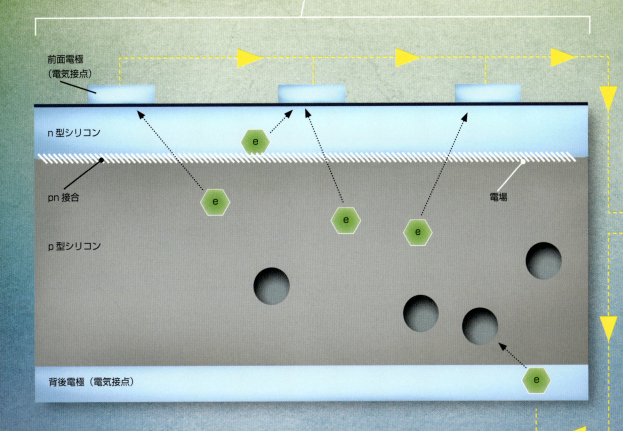

太陽電池（PVセル）の
しくみ

前面電極
（電気接点）

n型シリコン

pn接合

電場

p型シリコン

背後電極（電気接点）

太陽の威力　159

フロリダ州ケープ・カナベラルにあるヴァンガード衛星のひとつ。

太陽光発電の発明

　1839年、19歳のフランスの物理学者アレクサンドル＝エドモン・ベクレルは、初めて光から電流をつくれることを実証しました。父親の実験室で実験をしていたベクレルは、電解液を入れたビーカーに電極を浸し、ビーカーに太陽光をあてました。そしてベクレルは太陽光で本当に電気エネルギーをつくれることを発見したのです。

　1870年には、ウィロビー・スミスというイギリスの電気技師が、セレンを使って水面下にある電信線の障害テストをしていたときに、セレンは太陽光があると電気をよく通し、太陽光が足りないと電気の通りが悪くなるということを発見しました。スミスはこの発見について「セレンに電流が流れているときに光が及ぼす効果」という独創的なタイトルで論文を書きました。その論文は学術雑誌『ネイチャー』の1873年2月号に掲載されました。その論文を2人のアメリカ人科学者、ウィリアム・アダムスとリチャード・デイが読み、光とセレンを使って自分たちで実験を始め、太陽光がセレンに電気の流れをつくり出すことを発見します。2人はやがて、『熱帯諸国における代替燃料』という、太陽エネルギーに関する最初の本を執筆し、太陽光のみで動く2.5馬力の蒸気エンジンを発明したのです。

ソーラーパネルで温められたプール。

アダムスとデイの発見後まもなく、アメリカの発明家チャールズ・フリッツは、より強力な電流をつくろうとセレンを使った実験をしていました。彼は薄い金の膜でコーティングした金属板にセレンを重ね、この組み合わせに太陽光をあてると、はるかに多くの電気が生まれることを発見します。何かに利用できるほどではありませんでしたが、それでもフリッツは最初の光起電力セルを発明したのです。しかし、当時フリッツの発明に注目する人はほとんどいませんでした。

1905年、アルバート・アインシュタインは、光によって電子が励起されるしくみ（光電効果）について本を執筆しました。しかし、太陽光発電の考えが現実的に動き出すには、1921年にアインシュタインがノーベル物理学賞を受賞するのを待たねばなりませんでした。さまざまなメーカーが太陽電池を使って電気器具を動かす実験を始めましたが、最初の応用の数々はあまり実用的ではありませんでした。ベル研究所は1954年に太陽電池を製作しましたが、子ども向けのおもちゃを動かすためのものとして使われました。初期の太陽電池でつくられた電力はあまりにも値段が高すぎたのです。これらの初期の太陽電池でつくられる電気は、石炭を使って同じ電力をつくる場合に比べて100倍以上のコストがかかっていました。

太陽電池の設計と材料は、宇宙時代の到来とともに改善されることになります。石炭を燃料とする内部発電で衛星を打ち上げる実用的な方法などなかったからです。また、最高のバッテリーを使ったとしても、衛星はあっという間にエネルギーを使い切って、何の役にも立たないでしょう。解決策となるのは太陽電池しかありませんでした。衛星の外側をソーラーパネルで覆えば、衛星にはほとんど無限に電力が供給され続けます。そこで1958年、アメリカはヴァンガード1号という衛星を打ち上げました。この衛星は1964年に信号が途絶えるまで、衛星に電力を供給したソーラーパネルで覆われていました（ヴァンガード1号は今なお軌道上にある最古の人工衛星です）。

1960年代後半、巨大エネルギー企業のエクソンモービルは、将来のエネルギー供給に資するプロジェクトの検討のために、研究者を集めてチームをつくりました。彼らは、化石燃料から得られる電力は2000年までにかなり高価になり、世界中が安価な代替エネルギーを求めて争っているだろうと考えたのです。研究者の1人であるエリオット・バーマンは、1969年にチームに加わり、よりコストを抑えて太陽光発電を行うための導電材料として、薄いシリコンの層を使用することを提案しました。

多くの試行錯誤を経て最終的に、薄いシリコンウェハーを使い、ウェハーの片面に直接電極をプリントするデザインでチームはまとまりました。前面にアクリル被膜を、背面に回路基板を接着することで、従来の発電源との競合を試せるくらい安価なソーラーパネルを設計したのです。エクソンモービルはひそかに他業界からシリコンスクラップを買い占め始め、ソーラー・パワー・コーポレーション（Solar Power Corporation：SPC）という子会社をつくりました。SPCは1973年までに、バーマンのチームのシリコンを使用するデザインを使って、1ワット20ドル未満で電力を生み出す、最初のソーラーパネルの市販品を大量生産していたのです。これは、従来のものよりもコストを5分の1に削減することができました。

しかし、この大幅なコスト削減をもってしても、1ワットあたり2〜3ドルでつくられる石炭を用いた電力とは、競合できませんでした。その後30年にわたる微妙な設計改善と化石燃料でつくる電力のコスト増によって、太陽光発電は競争力のある電力供給源になりました。2012年までに世界中で63ギガワット以上の太陽光発電が導入されました。これはその前の5年間と比較すると10倍も増加したことになります。国際エネルギー機関（International Energy Agency：IEA）は、2035年までには、太陽光発電がすべての発電容量の13%を占めることになるだろうと予想しています。

集光型太陽熱発電

有名な伝説では、ギリシャの数学者であり発明家のアルキメデスが、紀元前214年のシラクサ包囲の際に、シラクサに侵攻してくるローマの船団に対して、鏡を使って太陽光を集めたため、船団の船が炎に包まれたといわれています。「アルキメデスの熱光線」が本当に機能したのかどうかについては議論がありますが、1973年にギリシャの科学者が行った実験によると、タールに覆われたベニヤ板製の船を、銅でコーティングした70枚の鏡で集めた光で燃やすことは可能だということが証明されました。アルキメデスの時代には、防水性を維持するため船に薄いタールを塗ってコーティングをすることは、珍しいことではありませんでした。

紀元前214年、アルキメデスがシラクサに侵攻するローマの船団に対して、太陽光を集めて船を燃やすのに使った鏡。1642年の版画。

アルキメデスの逸話が真実かどうかは別として、太陽光を集めて膨大な熱をつくり出せることは本当です。集光型太陽熱発電（Concentrated Solar Power：CSP）は、鏡もしくはレンズを使って、大量の太陽エネルギーを小さな領域に集光させます。集光によって熱がつくられ、従来の熱電発電装置のように、その熱でタービンを回すのです。

最も一般的なCSPはパラボラ・トラフ型（雨樋型）太陽熱発電で、内面を反射材で覆った曲面鏡を使います。トラフは太陽光を、およそ1～3m離れた焦線に沿って設置されたパイプに集めます。パイプのなかには特別な液体（通常は何らかの溶融塩）が入っており、350度近くまで温められています。この液体がパイプを流れ、加圧蒸気をつくるために使用されて、蒸気はタービンに運ばれます。タービンの磁石が回転すると電流が生まれ、電気としてワイヤーを伝わります。

商用のCSPの部品は1984年にアメリカで最初に製造され、以後世界で2ギガワット近い発電容量のCSPが設置されました。より安価なデザインや材料が開発されてきているため、CSPは電力源としてますます成長が見込まれます。グリーンピース・インターナショナルおよび欧州太陽熱発電協会（European Solar Thermal Electricity Association：ESTELA）による研究は、2050年までに1500ギガワットのCSPが導入され、その段階での世界の電力需要の25％ほどを供給しているだろうと見積もっています。

パラボラ・トラフCSPシステム。

タワー型太陽熱発電

　タワー型太陽熱発電は集光型太陽熱発電の一種です。鏡張りのトラフを使って鏡の近くにある液体入りパイプに集光するのではなく、タワー型は、ヘリオスタットとよばれる平面状の集光ミラーの配列を使って中央のタワーに設置された集光器に太陽光を集めます。タワーのなかの液体（通常は溶融塩）がエネルギーを集め、温度が 500 度までにもなる蒸気を生成し、高温の蒸気によって、ほかの CSP と同じようにタービンを動かします。

　2009 年、アベンゴア・ソーラーというスペインの企業が、セビリアの近くで世界最大のタワー型太陽熱発電プラントの運転を開始しました。PS20 タワーは出力 20 メガワットで、1 万世帯近くの近隣家庭の電力をまかなうことができます。2014 年には、グーグル、NRG エナジー、ブライトソース・エナジーが出資し、カリフォルニア州のモハベ砂漠において 14 万世帯の電力をまかなえる、出力 392 メガワットの巨大なタワー型太陽熱発電施設の運転が開始されました。イヴァンパー・ソーラー・エレクトリック・ジェネレーティング・システムは、17 万枚以上のヘリオスタットを使って太陽光を高さ 137m の中央タワーに集光します。この中央タワーは、これまで建設されたもののなかで最も高さのある太陽熱発電システムです。

スペインのセビリア近くにあるタワー型の PS20。

太陽炉は、太陽エネルギーを集めて超高温にして工業用に利用するものである。フランスのオデイヨにある太陽炉は、63枚の鏡で（写真右下より）太陽を追いかけ、太陽光を、9500枚の曲面鏡板からなる、2000m²のパラボラ反射板に向ける。反射板は太陽光線を焦点に集め、3000度を超える高温をつくり出す。

力と力：太陽嵐

　コロナ質量放出は、現代の電力インフラに莫大な被害を及ぼす可能性を秘めています。巨大なコロナ質量放出は、猛烈なスピードで突き進む何十億トンものプラズマを含んでいることがあります。その荷電粒子が地球の磁気圏に衝突すると、水平方向に走る地球の磁力線に沿って、大気圏上層から地表に進む巨大な電流をつくります。電荷は常に電圧の高いところから低いところに動こうとします。したがって高電圧の送電線は、排水溝が水を引き寄せるように電流を引きつけることになるのです。プラズマの流れはまた、南北の方向に飛んでくる傾向があり、流れに沿ったいくつものポイントで、嵐に誘導された電流が地面から送電系統に飛び込み、より電圧の低いポイントに向かって突進しながら電線や部品を破壊します。

　2010年2月、アメリカ、スウェーデン、欧州連合の政府高官と特別に選ばれた民間企業の代表者が、コロラド州ボールダーにある会議室に、2日間ひそかに集まりました。北アメリカの送電網がその瞬間に突然激しい太陽嵐に襲われたら、何が起こるのかというシミュレーションを行うために、アメリカの連邦緊急事態管理庁（Federal Emergency Management Agency：FEMA）と国土安全保障省（Department of Homeland Security：DHS）に召集されたのです。

結果は、かなり恐怖を感じるものでした。この世界最高レベルの専門家集団によると、嵐は1時間以内に東部から中部大西洋にかけての州および、カナダ東部の大部分の地域に連鎖的な停電を引き起こすことになります。北半球の発電所からは変圧器の故障が報告されると予想されます。バックアップの変圧器はなく（そして実質的に北アメリカには変圧器のメーカーがないため）、修理や交換には数週間から数か月かかることになります。最初の数日間、救急救命士は深刻なインフラ機能の停止に直面するでしょう。配水、下水、医療的ケア、電話サービス、燃料供給などのシステムがすべてストップしてしまうからです。移動体通信とGPS（全地球測位システム）も失われて、金融システムは損なわれ、反応が遅くなり、復旧にも相当時間がかかるでしょう。被害地域の電気、ガス、水道などの公益事業の職員も、自分の家族のことで精一杯で、職務を全うすることは困難になるでしょう。周囲で市民社会が崩壊してしまうのです。

　この悲惨なシナリオを架空の話か、あるいは、公共政策というよりはゾンビ映画の題材にふさわしい世界滅亡についての空想のようなものとして片づけてしまうことは簡単です。しかし、世界的専門家集団が出した結論には十分信憑性があり、激しい太陽嵐は何年も続き、世界経済に多ければ2兆ドルもの損害をもたらす「世界規模のカトリーナ」になるだろうと、イギリスの主席科学顧問が警告を出すほどでした。

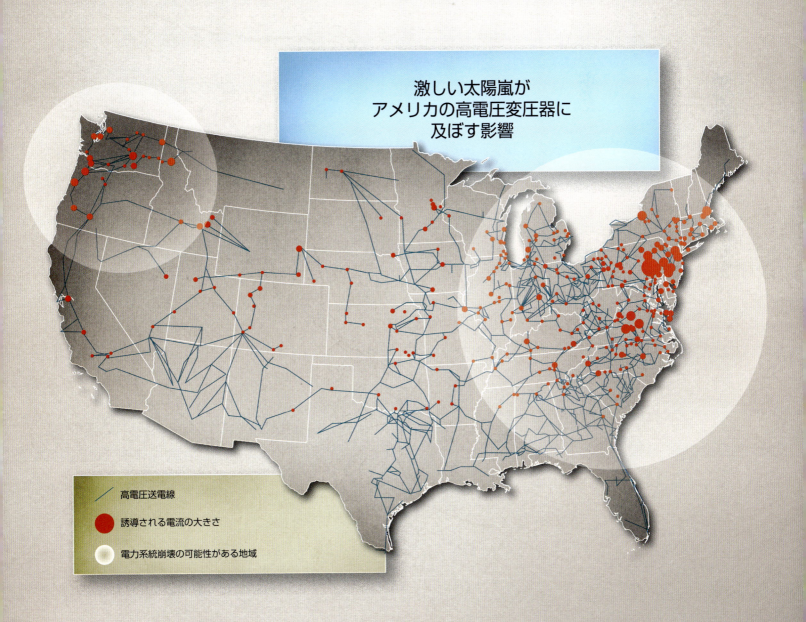

変圧器の脆弱性

2010年のFEMAの太陽嵐シナリオで最も恐ろしいのは、巨大なコロナ質量放出が重要な高電圧変圧器をどのように破壊するかという部分でした。変圧器に電流が溢れると、基本的には巨大な磁石である変圧器のコアが熱くなり、内部の部品が溶けてしまいます。超高圧変圧器（たとえばケベックからニューヨークまで電力を送るような長距離送電線などに使われる種類のもの）にはさらに別の懸念があります。設計上、嵐による誘導電流が強まり、低電圧の部分に使われている変圧器よりも短時間で電流が溢れてしまうのです。

2007年に行われた太陽嵐のシミュレーションでは、特に大きなコロナ質量放出の場合、最大350の超高圧変圧器が修繕不能な被害を受けることがわかりました。当時その350の変圧器はニューハンプシャー州の全変圧器の97％超、ニュージャージー州なら82％、オレゴン州なら72％、ワシントン州なら40％、そしてサウスカロライナ州からメイン州までのアメリカ東海岸の州のすべての超高圧変圧器の24〜75％に相当したのです。

ほとんどすべての変圧器は北アメリカ以外で製造されています。通常でも変圧器1台を交換するのに最大で24か月かかり、1000万ドル以上の費用が必要になります。そればかりか、それぞれの変圧器には、たとえ同じメーカーが製造したものであっても、微妙にデザインの違いがあり、複数の変圧器を一度に交換することをさらに困難にしています。これらの変圧器を失うことは広範囲の被害を引き起こし、中部大西洋の州から太平洋岸北西部にかけての人口密集地の電力系統を、数年にわたって崩壊させることになるでしょう。

超高圧変圧器。

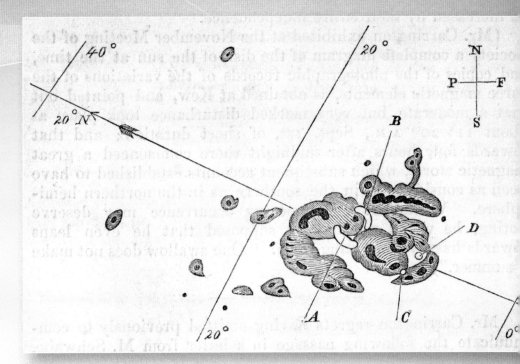

黒点を観測中、リチャード・キャリントンは2つの強烈にまぶしい白色光の点（A点とB点）を目撃した。光が急激に広がりそして薄れていくのを観察し、「光は最初に現れたところからかなり動き、最後はC点とD点まで移動し、急速に弱まる2つの白色光の点となり、そして消えた」と記録した。

キャリントン・イベント

　19世紀、リチャード・キャリントンはイギリスの第一級の天文学者の1人でした。彼は望遠鏡を使って幅約28cmの太陽の映像をスクリーンに投影し、観測した内容を綿密に描いて黒点活動を記録していました。1859年9月1日の午前、キャリントンが巨大な黒点群をスケッチしていると、突然目のくらむような白い光の球が2つ、黒点が見えていたところに現れました。観測を続けていると球は大きくなり、それから徐々に縮んで小さな点になって、最後には消えました。

　翌日の夜明け前、突然空に光り輝くオーロラが現れ、そのきらめきは、遠くエルサルバドルやバハマでも見えたほどでした。まだ送電はそれほど普及していませんでしたが、電信（テレグラフ）システムは広がりつつあり、世界中で混乱が起きました。オペレーターが驚いたことに、バッテリーの電源を切った後でさえ、数時間にわたってメッセージを送信することができました。また、アメリカ南西部の乾燥した地方では、山火事が起こりました。

　キャリントンが見たのは記録に残るもののなかで2番目に大きなコロナ質量放出です。あまりに強力な太陽嵐だったため、ニューヨークでは真夜中にオーロラの光で新聞を読んだほどでした。オーロラは、太陽からの荷電粒子が太陽嵐に運ばれ、地球の磁気圏に衝突してできたものです。キャリントンはこの太陽嵐が前日に目撃した太陽活動によるものだろうと考え、太陽嵐は彼の名前から「キャリントン・イベント」と命名されました。2008年、アメリカ科学アカデミーは、このキャリントン・イベントと同じ大きさの太陽嵐が今日地球を襲ったら、2兆ドルに及ぶ損害が発生し、復旧には4年から10年かかるだろうと予測しています。

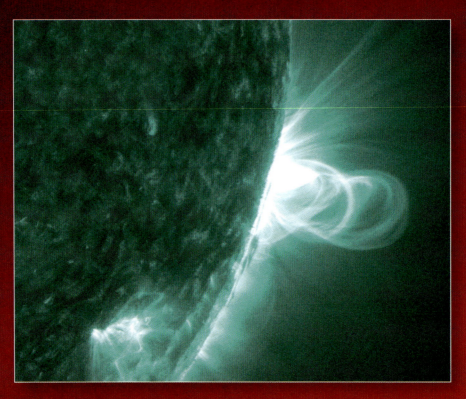

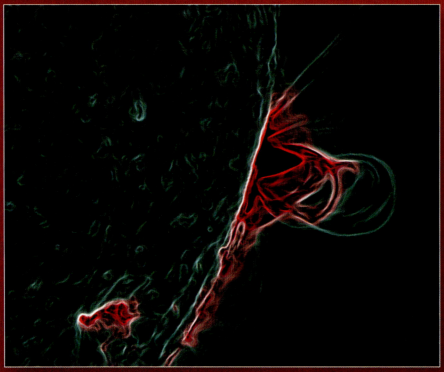

コロナ質量放出がしっかりと巻きついた磁束のロープと関係していることを、科学者はずいぶん前から知っていた。しかし、コロナ質量放出と磁束のロープのどちらが先に起こるものなのかについては不明だった。2012年7月18日、NASAのSDOが、小さな太陽フレアから磁束のロープが生まれ、ねじれて8の字になる瞬間を捉えた。およそ8時間後、同じ場所から再び太陽フレアが噴き上がり、磁束のロープが切れて離れ、典型的なコロナ質量放出となって大量の太陽物質が宇宙に放出された。これは、ねじれた磁束のロープがコロナ質量放出の前に起こるということの確かな証拠となった。

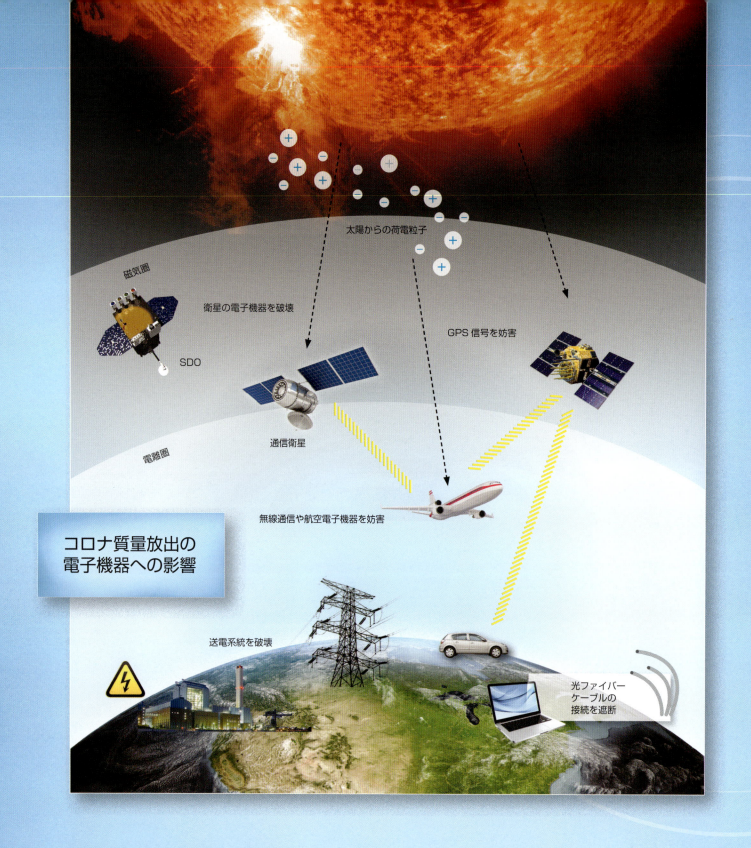

太陽と現代の電子機器

　現代のほぼすべての電子機器は、巨大なコロナ質量放出に対して脆弱だといえるでしょう。これは、現代の多くの電子機器が、銅配線をもつ回路基板やコンピューター・チップに依存しているからです。太陽嵐が起こると、銅配線は放射される電磁エネルギーを通してしまうでしょう。特に大きなコロナ質量放出は、電気回路を焼いてしまうほどの激しい地磁気電流を生みます。高性能食器洗い機から電子制御の車まで、ありとあらゆるものが影響を受けるでしょう。

　太陽嵐が吹き荒れると、被害を受けるのは送電線だけではありません。テレビのケーブルやインターネット接続も被害を受けやすいでしょう。太陽嵐は変動磁場をつくり、ケーブルの中心に電圧ノイズを引き起こし、電力供給の電圧の上昇や低下を招きます。これらの電圧ノイズはケーブルを流れる電気に過剰な負荷をかけ、ケーブルにつながれた部品を壊してしま

うかもしれません。光ファイバーケーブルも危険です。なぜなら光ファイバーケーブルの多くが、金属製の（そして導電性の）ワイヤーを必要とするからです。金属製のワイヤーは、信号強度を強めるために必要な電気を増幅器に供給するのです。

　太陽嵐は、地球を周回する人工衛星にも深刻な被害を及ぼします。地球の磁気圏の保護から離れたところにいることが多い対地同期軌道上の衛星はなおさらでしょう（対地同期軌道とは、地球の自転と一致する高高度の軌道で、同期した軌道にある衛星は地球上空の同じ地点に留まります）。多くの通信衛星が対地同期軌道上に投入されているため、太陽嵐によって被害を受けます。衛星の電気部品は高エネルギー粒子によって被害を受けるでしょう。何らかの保護がある衛星でも、荷電粒子がシールドに大量に衝突すればやはり被害を受けるでしょう。蓄積される電荷はやがて衛星内の部品に放出されることになるのです。

　衛星通信サービスが途絶えると、主要な通信サービス、放送ネットワーク、気象データ、携帯電話サービス、ATM、航空機追跡システム、重大な軍事通信などに影響が及びます。GPSは特に危険でしょう。太陽嵐で生まれた電流は磁場のねじれを生み、コンパスの誤作動を起こします。GPS衛星の多くは、地球磁極の位置にもとづいて衛星の向きの微妙な調整を行う衛星高度制御システムに依存しているのです。

　多くの国の政府が太陽活動のモニタリングと予測を新たに国家的優先課題にしているのは、まさにこうした悲惨な結果が予想されるからです。アメリカ海洋大気庁の宇宙天気予報センターでは、宇宙天気予報士チームが地上基地と宇宙基地両方からのデータを継続的にモニターし、地球に向かう巨大なコロナ質量放出を示唆する異常を見逃さないようにしています。警告のための時間が十分にあれば、被害を受けやすい業界に警報を出したり、衛星の運用を調整したり、送電線網を変えて混乱を最小限にしたりすることができるでしょう。

　深刻な太陽嵐の影響を最小限にするために、個人ができることもいくつかあります。できればガスジェネレーター、太陽光発電、あるいは小規模の風力タービンなどの、送電線網を利用しないバックアップの電力を備え、電力会社のサービスに影響があった場合でも電力を確保できるようにしましょう。非常用キットを準備し、懐中電灯、バッテリー、保存食、ボトル入りの水や、短期間もちこたえるための現金を入れておきましょう（クレジットカードもATMも長期間使用できなくなる可能性があります）。電子機器は無停電電源装置（Uninterruptible Power Supply：UPS）につなぎましょう。UPSは標準的なサージ防護機器のように見えますが、電源が不安定なときにコンピューターや携帯電話やその他の電子機器を問題なく動かせるバッテリーを備えています。電力やケーブルのサービスが復旧するまで電子機器を使うことができないとしても、コロナ質量放出の初期に機器が被害を受けることは防げるでしょう。

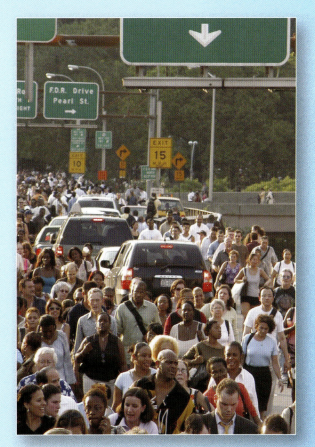

2003年8月の大規模停電はコロナ質量放出によるものではなかったが、激しい太陽嵐の後に起こりえることを示唆した。ニューヨークでは公共交通機関が動かなくなった。

173

ケベック州大停電

現代の電力系統が登場してから最も有名な太陽嵐は、1989年3月にカナダを襲った磁気嵐です。1989年3月13日午前2時44分、地球の磁場で起きた巨大なエネルギーの振動が、アメリカとカナダの国境沿いに伝わりました。そして、コロナ質量放出による誘導電流が、国境地帯に広がる高圧の送電網のあちこちに、大きな電圧の差を生み出しました。電圧の差は15%にも及び、電圧ノイズから電力系統を保護するための装置によって送電網が部分的にシャットダウンされ始めました。ラグランド送電網は5本の高電圧線であまりに急激に電圧が下がったため、熱による破壊を防ぐためにハイドロ・ケベック送電網から分離されました。

その直後、ケベック送電網に注ぎ込まれていた9ギガワット以上の電流が消えました。大都市近辺の保護装置は電流の急激な変動にも対応できるよう設計されていますが、それほど大きな電力喪失から復旧できるようにはなっていませんでした。それから25秒もしないうちに、巨大な電圧変動からの自己防御のため、送電網上のあちこちでシャットダウンが起こり、電力系統全体が崩壊し、その後9時間にわたって何百万もの人々が電力のない状態に置かれたのです。

アメリカ海洋大気庁はこの1989年の太陽嵐の規模を、1932年の観測開始以降3番目に位置づけました。電力の専門家の多くはごく最近まで、この規模の太陽嵐は北アメリカの巨大な電力系統にとって最悪のシナリオだと考えていました。しかし、歴史データの分析によって、1972年以降、このほぼ4倍に相当する磁気嵐が、少なくも3回は北半球に非常に接近していたことがわかっています。

1989年のケベック州大停電の前後の衛星写真があったとしたら、このように見えていたと思われる。
左は2003年8月14日に起こった大規模停電のおよそ20時間前に撮られたもの。
右は大規模停電の数時間後、カナダ南東部とアメリカ北東部にまだ電力が供給されていないときのもの。

極地横断フライト

　冷戦時代、北極圏はアメリカとソビエトの間の軍事緩衝地帯になっていました。その結果、北極地帯を横断する民間機のフライトはほとんどありませんでした。しかし、1990年代はじめのソビエト連邦崩壊に伴い対立が緩和すると、極地を横断する際に攻撃される懸念は、いずれの側でも弱まりました。航空会社各社は、それまでの低緯度のフライトを極地上空を飛ぶルートに変更することによって、飛行距離を劇的に減らして燃料を節約できることに気がつきました。アメリカと北京、香港、シンガポールなどのアジアの各都市を結ぶルートでは特にそうです。たとえばエミレーツ航空は、ドバイーサンフランシスコ間のフライトを、北極上空を通るルートにすることで、およそ7500ℓの燃料の節約になると見積もりました。そしてそれは例外ではなく、ほかのルートにもいえることでした。

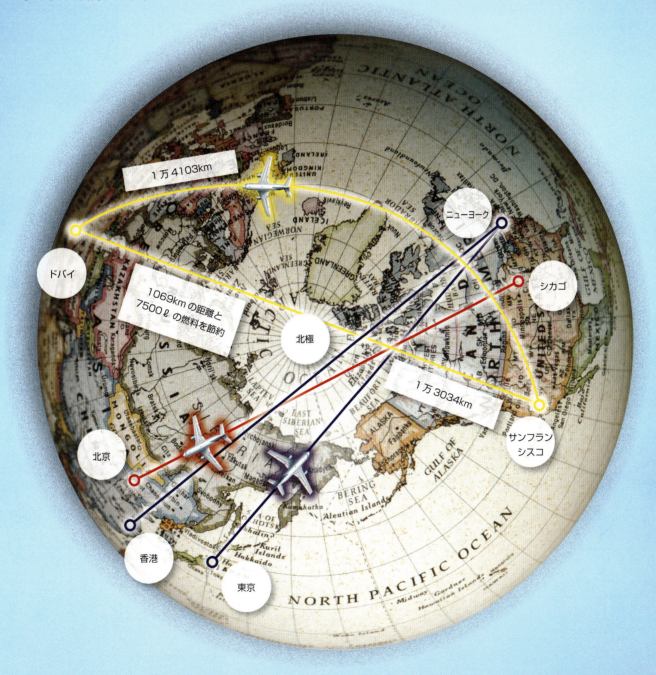

　2008年までに、ユナイテッド航空は、シカゴ ― 香港、シカゴ ― 北京間の毎日のフライトを含む1400以上の北極横断フライトを計画しました。ほかのアメリカの航空会社も、毎日北極上空を飛んでいます。そのうちノースウエスト航空は、デトロイト ― 北京間の極地横断フライトを週4便運航しています。南極上空を飛ぶフライトは唯一カンタス航空のみで、シドニー ― ブエノスアイレス間を週5便運航しています。

北緯82度（あるいは南緯82度）付近では、極地横断フライトの多くが通信衛星との見通し線を失い、高周波（High-Frequency：HF）での無線通信への切り替えが必要になります。なかには、HFの無線信号を妨害する擾乱を電離圏で引き起こし、航空機を危険にさらすような太陽嵐もあります。たとえば、太陽からの荷電粒子は電離層に浸透し、無線を吸収し、通信が途絶える事態を引き起こすこともあります。太陽フレア（特にX線の周波数域のもの）も、地球の太陽に向いた側でHFの無線信号を妨害することがあります。

航空機はHF無線通信に依存するため、太陽嵐が迫っているという警報を受けると、航空会社は極地横断フライトを従来のルートに変更する必要があります。2012年1月に起きた特に強い太陽嵐では、デルタ航空、カンタス航空、エア・カナダが、アメリカとアジアを結ぶ極地横断フライトのルートを変更しなければなりませんでした。しかし、太陽嵐が来ることがあらかじめ航空会社にわかっていたのは幸いでした。もしアメリカ海洋大気庁宇宙天気予報センターからの警報がなければ、これらの極地横断フライトは予想外の通信障害や深刻な危険を伴う航行システムエラーにみまわれていたかもしれません。

太陽周期

1826年、薬剤師から天文学者に転身したドイツのハインリッヒ・シュワーベは、奇妙な理論を思いつきました。水星よりも太陽寄りに惑星が存在するという理論です。彼はその惑星をバルカンと名づけました。シュワーベは、その惑星を発見する一番よい方法は、惑星が太陽と地球の間を通過する際の影を探すことだと考えました。シュワーベはこの奇妙な理論に突き動かされ、それから17年にわたってほとんど毎日緻密な観測を行いました。惑星バルカンを見つけることはありませんでしたが、シュワーベは黒点の数が時間とともに変化しているのではないかと気づき、1843年にそれを論文にして発表しました。

シュワーベの論文は、スイスの天文学者であり数学者のルドルフ・ウォルフの興味をひきました。ウォルフは黒点の周期的変動を証明しようと固く決心し、17世紀に天文学者が望遠鏡を使った黒点の観測を始めて以降のデータをすべて集めました。しかし、長期にわたる黒点活動を明確にするためには、標準単位を考える必要がありました。そこで彼は、黒点の数、黒点群の数、観測地や活動を記録するために使われた機器の影響で生じるわずかな変動を使った公式をつくりました。その結果が、今日ウォルフ黒点相対数（ウォルフ数）として知られる黒点活動の標準的な測定法で、現在も使われています。

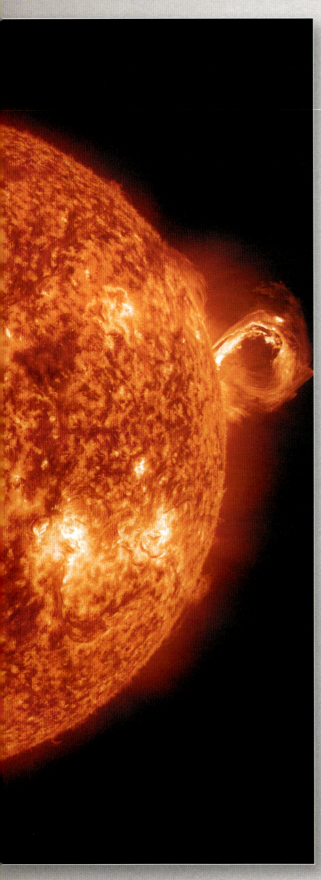

2013年5月13日に起こったコロナ質量放出の美しい光景。太陽表面から飛び出し、宇宙に放出される瞬間。

古くは1610年まで遡るすべてのデータを集められるだけ集め、再構成して計算した結果、ウォルフは、黒点活動がおよそ5.5年にわたって増加し、その後およそ5.5年にわたって減少し、11.1年ごとに1つの太陽周期が完結しているという結論を出しました。最近の研究によって、正確には10.66年になることが明らかになっていますが、たいていの場合、太陽周期は単純に11年とされます。太陽活動が増大していく期間は太陽極大期に活動が極大になり、太陽活動が減少する期間は太陽極小期に活動が極小になります。

　太陽活動の周期がわかると、科学者は太陽周期のパターンに気づくようになりました。たとえば、有効なデータを評価したことで、特に強い太陽極大期には通常の極大期に比べると早くピークに達する、ワルトマイヤー効果といわれる現象が明らかになりました。ただし最近では、ワルトマイヤー効果が本当にあるのか、あるいはウォルフの黒点の定義によって起こる副産物なのか、多くの天文学者が疑問を投げかけています。太陽周期の強さはおよそ90年の間に増減があると提唱する科学者もいます。これはグライスベルク周期として知られています。

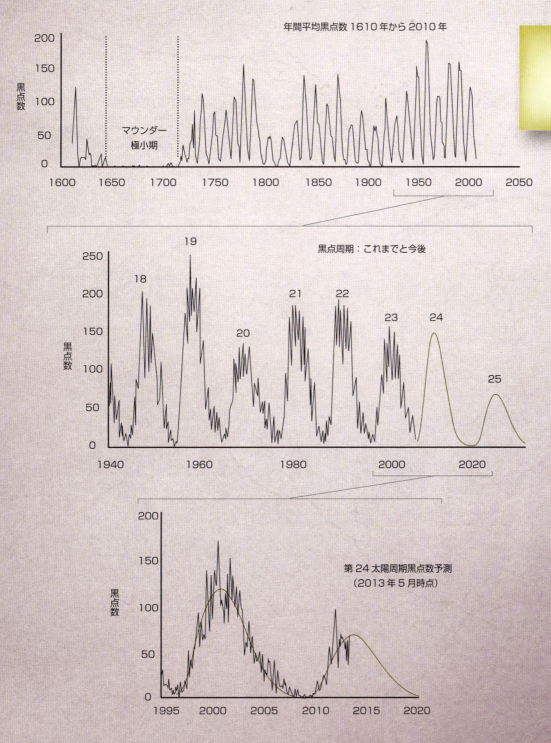

黒点活動：過去と未来

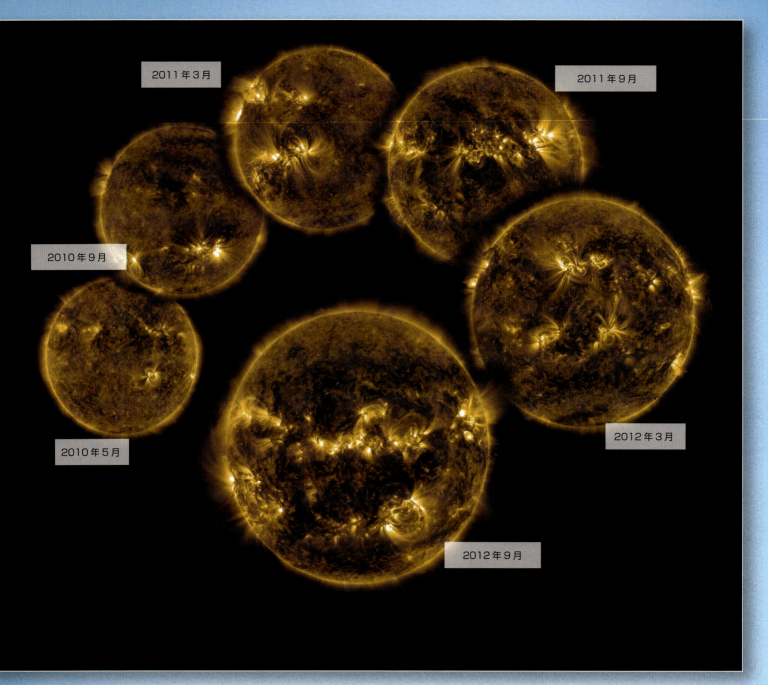

2010年5月から2013年の太陽極大期に向けて増大する太陽活動を追跡する、
NASAのSDOが捉えた6枚の画像。

　太陽の活発な活動は地球にさまざまな影響を及ぼすため、太陽活動に予測可能な周期があるとわかっているということは重要なことです。太陽極大期には、太陽はより多くの極端紫外線スペクトルを放射しますが、これは地球の電離圏の伝導性に著しい変化をもたらします。太陽極大期はまた、より強く頻繁な太陽フレアやコロナ質量放出とも関連があり、これらは地球の磁場に大規模な擾乱を引き起こします。

　意外なことに、私たち人間は太陽極大期よりも太陽極小期により多くのUVB放射にさらされます。これは地球を保護するオゾン層に紫外線放射が及ぼす影響が原因です。オゾンは、紫外線が酸素（O_2）を自由に動き回る酸素イオンに分解するときに、大気圏上層につくられます。反応のよいこれらのイオンが通常の酸素分子と組み合わさってオゾン（O_3）になります。太陽極小期に太陽放射が減ると分離する酸素分子が減り、保護的にはたらくオゾンの大気中の濃度が低下します。オゾン層が薄くなると、太陽のUVB放射がより多く地球の表面まで突き抜けてくるのです。

ミニ氷河期

　20世紀のはじめ、イギリスの天文学者であり数学者のエドワード・マウンダーと彼の2番目の妻アニー（彼女自身も優れた数学者でした）は、王立天文台で黒点を撮影し研究していました。黒点の歴史データを見直すなかで2人は、1645年から1715年まで、黒点が異常に少ない期間があったことに気づきます。さらにそのなかのある30年間に観測された黒点は、標準的な4万から5万ではなく、50ほどの数でした。それどころか、1670年には黒点は全く観測されなかったのです。

　マウンダーと同時期の多くの人が、黒点活動がないのはずさんな観測のためだと考えました。しかし、イタリアの天文学者ジョヴァンニ・カッシーニは、そのほとんどの期間に精密な観測を行っていました。ポーランドの天文学者ヨハネス・ヘヴェリウスも、1652年から1685年にかけて妻と継続的に観測した太陽表面の記述を発表しています。フランスの天文学者ジャン・ピカールも、1653年から1685年まで、晴れた日には毎日規則正しく太陽の観測を行っていました。つまり、問題は正確なデータの欠如ではなかったのです。何かほかの理由によって太陽は沈黙していたのです。

　長期にわたるこの太陽活動極小期はマウンダー極小期として知られるようになりますが、この時期はヨーロッパと北アメリカの気温が急に下がった1550年から1850年までのミニ氷河期のなかの最も寒い時期と一致しています。冬の寒さはあまりにも過酷で、スイスの多くの農場や村が、拡大した氷河で崩壊しました。1658年、デンマークの大ベルト海峡が氷結し、スウェーデンの軍隊が海を渡って進軍し、コペンハーゲンを攻撃できる状況をつくりました。エストニア、フィンランド、フランス、ノルウェー、スウェーデンでは、この時期に飢饉もありました。農業生産があまりに急激に落ち込み、アルプスの村々ではクルミの殻を挽いて小麦にまぜることで、大麦やオート麦の蓄えが減っていくのを何とか引き延ばしたと、ある歴史家は述べています。

1683年、ロンドン市民はいつになく厳しい寒さを最大限楽しみ、テムズ川でフロスト・フェア（氷上縁日）を開催した。

NASAの人工衛星 Aqua に搭載された高性能マイクロ波放射計（AMSR）
からの可視化されたデータ。2007年9月14日の北極海氷を示す。
このとき、衛星による記録が始まって以降初めて、北西航路の氷がなくなった。

太陽と気候変動

　1930年代、アメリカの天体物理学者（かつ太陽熱調理器や太陽蒸留器を含むいくつかの太陽電池式電気器具の発明家）チャールズ・グリーリー・アボットが、太陽周期と地球の気候とには関連性があると推論しました。アボットはすでに科学界で尊敬され、スミソニアン協会の会長にも任命されていましたが、この理論はさまざまなところで非難されました。アボットにとって不運なことに、当時は太陽放射を正確に計測する方法など存在しませんでした。しかし、人工衛星が登場して以降、より正確な測定が行われるようになると、そうした測定は、どちらかというとアボットの理論を裏づけることになります。結果として、太陽活動が地球の気候変動に大きくかかわっていることを認めるのが、科学界における一致した見解となりつつあります。

　マウンダー極小期とミニ氷河期の最も寒い時期との相互関係は何年も認識されていましたが、最近になって、科学者は特に弱い太陽極小期と地球上で長引く寒い冬とを偶然結びつけることができました。2011年、NASA の SORCE（Solar Radiation and Climate Experiment）からのデータを用いて、イギリスの科学者グループが太陽活動の変動と地球の気候の関連性を発見しました。その結果、まさに言論戦となりました。深刻な地球の気候変動の多くは人間の活動によって引き起こされていると考える気候科学者と、太陽活動の変動などを主要な原因として指摘する気候「懐疑論者」との間で、言葉の応酬が繰り広げられたのです。

　気候変動に関する政府間パネル（Intergovernmental Panel on Climate Change：IPCC）は、地球の気候変動の原因と影響を調査することを目的として、1988年に国連が設立した専門家組織です。120を超す政府を代表する何千人もの科学者、技術者、気象学者、その他の専門家が任意で、すでにあるデータを評価し、論文の執筆、評価を行います。1990年、IPCCは第一次評価報告書を完成させ、人間の活動に起因するある種の温室効果ガスの排出は、地球の気温の測定可能なレベルの上昇に直結していると結論づけました。以後、IPCC は3つの追加報告書を発表していますが、そのすべてが、人間活動と観測された地球の気候変動に関連があることを確認しています。

2013年のはじめ、IPCCの最新の評価報告書を任意調査したいと申し出ていた（誰でもIPCC評価報告書の調査を申し込めます）アメリカ人ブロガー、アレック・ロールズが、評価報告書の草案をインターネット上で公開しました。ロールズは太陽活動と地球気候の関連を分析している第7章の段落のひとつを強調します。起草者はそこで、太陽放射は地球で観測されている温暖化のいくらかの要因になっているようであることを認めているのです（ただしその正確なメカニズムはわかっていません）。ロールズやほかの温暖化懐疑論者は、人間活動が地球の気候変動を推進しているとするIPCCの主張に反論するための証拠だとしてその段落に飛びつきました。

　真実はいつでももう少し複雑です。太陽活動の変動は地球の気候に影響を及ぼしえますし、実際に影響を及ぼしているわけですが、地球温暖化の現在の速度は、ほぼ確実に太陽活動の結果であるというわけではありません。天文学者のボブ・バーマンは、太陽は地球の気候に実質的な影響を及ぼす4つの要因のひとつにすぎないとしています。その4つとは火山灰、エルニーニョのような周期的気象事象、温室効果ガス排出、太陽放射の変動です。NASAの研究によれば、黒点活動は温室効果ガス排出のおよそ15年分に相当する地球のエネルギーになりえます（2010年の人間による温室効果ガス排出量をもとにした場合）。相当な量ですが、バーマンによれば、1994年以降、太陽以外の要因によってその量は小さくなってきています。太陽以外の要因のなかで主要なものは温室効果ガスです。

　この説を裏づけるものとして、バーマンは地球の気温は1940年代にピークに達し、それからおよそ30年は、二酸化炭素の排出量が増加したにもかかわらず、気温が下がり始めたと指摘しています。そして奇妙なことが起こりました。地球の気温は、記録に残るどの時代よりも早く、再び上昇し始めたのです。同時期、太陽活動は減少しました。第20太陽周期の間に（1970年ごろ）太陽の明るさが落ち、第23太陽周期中（2000年ごろ）にはさらに暗くなりました。しかし、地球の平均気温は上昇を続けたのです。太陽はまさしく気候変動に影響するということだとバーマンは指摘しています。1990年ごろまでは、温室効果ガス排出の大きな影響を、単に太陽活動が隠していたのです。実際、太陽活動の減少は地球温暖化を部分的に緩和してきました。しかし、太陽活動が再び増加に転じたら、ますます地球は暑くなるでしょう。

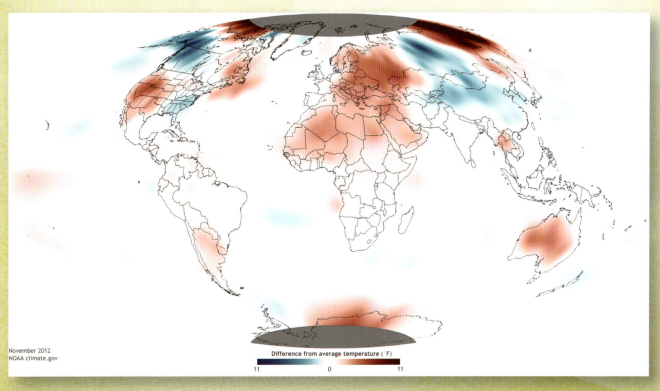

アメリカ海洋大気庁の国立気候データセンターによると、2012年は1880年に記録を始めて以来5番目に温暖な年。この地図は、2012年の気温が、1981年から2010年までの平均気温を上回った地域を赤、下回った地域を青で示す。

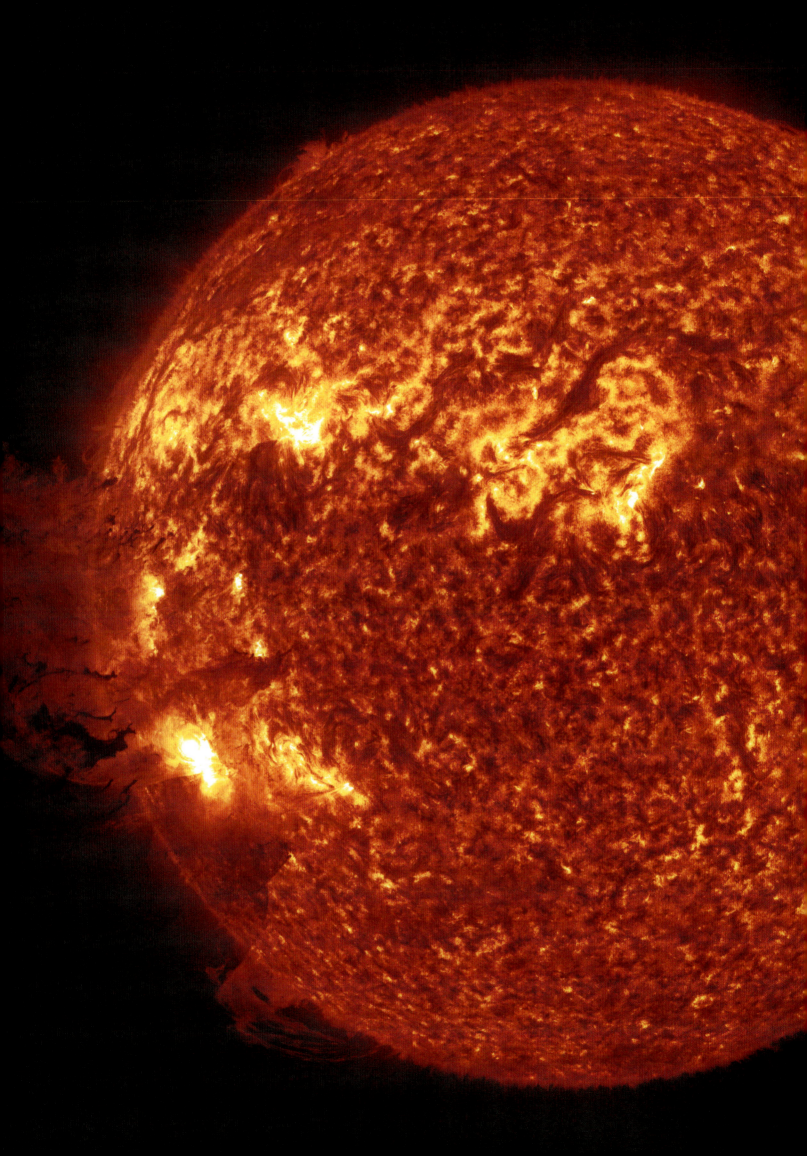

7

太陽の未来

　壮年期にある現在の太陽は、核融合によって絶えず水素をヘリウムに変換しています。しかし、この絶え間ない核融合によって、ときとともに太陽内部は変化します。高温高圧で核融合のプロセスが加速している中心部では、核融合の速度がわずかに遅い中心核の外寄りの領域に比べてヘリウムの量が増えます。中心核の奥深くでヘリウム変換が進むにつれ、融合するための水素を求めて、核融合プロセスは外側に動きます。その一方で、中心核内部でヘリウムが多い領域はどんどん大きくなっていきます。

燃料切れ

　太陽中心部では、常に2つの力がはたらいています。外側に向かう核融合による圧力と、内側に向かう重力です。核融合のプロセスが中心から外側に動くにつれ、外側に向かう圧力は弱まりますが、内側への重力は強さを保っています。中心核の水素燃料のほとんどの部分がヘリウムに変換されてしまうと（太陽が100億歳くらいになるときのことで、今から約54億年後です）、重力が核融合に打ち勝ってヘリウム主体の中心核は収縮を始めます。

　収縮によって太陽の中心核深くにある粒子の原子構造が崩壊し始め、エネルギーが解放されて外側に運ばれて、水素の核融合が続いている中心核最外層の温度を上昇させます。中心核外層の温度が上がると、残っている水素の核融合が加速します。比較的短期間のうちに、太陽は、燃え盛る中心核内部とそれを取り囲む厚い水素の層という構造から、中心部の不活性ヘリウムを燃え盛る薄い水素の殻が取り囲む構造へと変化します。

質量喪失？

　水素の核融合中に太陽が失う質量を簡単に計算するために、周期表を見てみましょう。水素原子1つの質量は1.008ダルトンです（ダルトンは原子レベルの質量を表すために使われる標準的な単位）。ヘリウム原子1つの質量は4.0026ダルトンです。核融合で太陽は4つの水素原子を1つのヘリウム原子に変換します。しかし、水素原子1つは1.008ダルトンですから、水素原子4つなら4.032ダルトンとなります。これは、ヘリウム原子1つ4.0026ダルトンよりもわずかに多いことに（具体的にいうとおよそ0.7%多いことに）なります。

　ここで失われた質量が、エネルギーに変換されているのです。たいした量には思えないかもしれませんが、この0.7%が、太陽が一生の間に放出するエネルギーの大部分を占めることになり、地球上のほかのどのエネルギー源よりも大きなエネルギーをつくり出すのです。

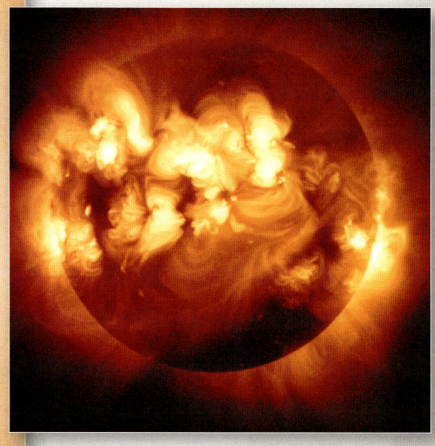

日本の衛星「ようこう」が軟X線望遠鏡で撮影したX線像。

太陽内の水素の枯渇

奇妙なことですが、水素燃料が尽きてくると、太陽はますます明るく燃え出します。中心核奥深くで押しつぶされる原子が解放する余分なエネルギーによって、水素の殻で起きている核融合が加速され、太陽に残っている、燃えていない中心核外側の層に圧力がかかります。やがてこの外向きの圧力が非常に大きくなり、内向きの太陽の重力に打ち勝ちます。中心核外層の燃え盛る水素の殻の周りで温度が上がり続ける間にも、外向きの圧力によってその他の外層が急速に膨張し始め、温度が下がり始めます。内側の温度の上昇によって、外側が膨張し冷却されるこのプロセスが続く間、太陽は膨らんでいきます。

壮年期

水素主体の中心核での核融合

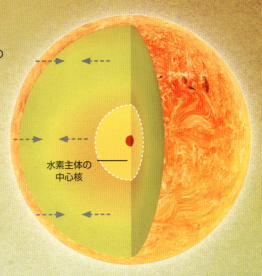

質量による内向きの重力は、中心核での水素の核融合によってつくられる外向きの圧力と釣り合っている。

水素の枯渇

水素のつくる殻での核融合

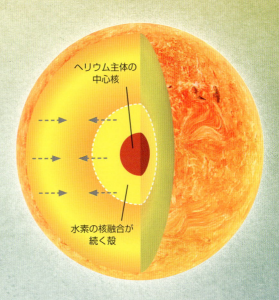

質量が減ってくると重力は弱まる。中心のヘリウムに押しのけられ、水素の燃える殻は外側に押し出される。

赤色巨星の段階

ヘリウム主体の中心核での核融合

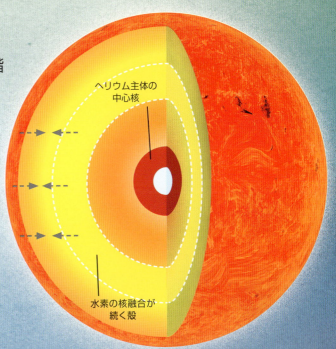

核融合が生み出す外向きの圧力が内向きの重力に打ち勝ち始め、太陽は現在の大きさの200倍ほどになるまで膨張する。

太陽の未来

太陽の年齢

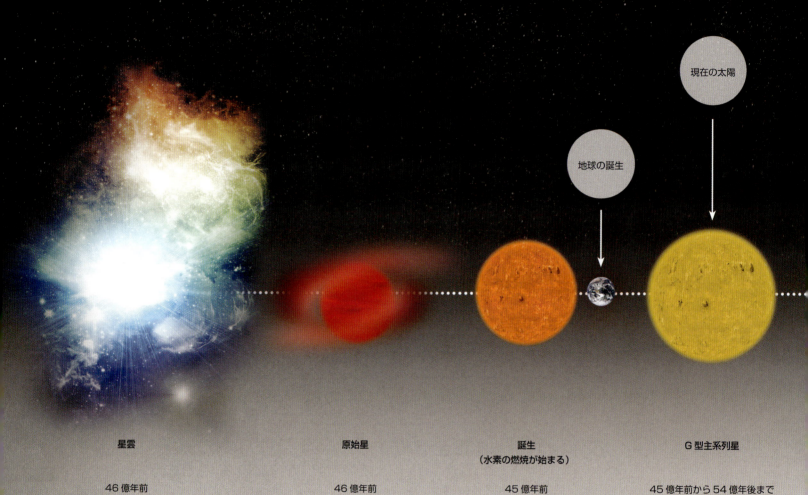

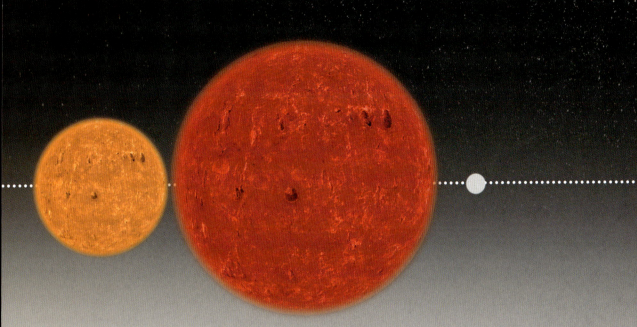

| 水素の枯渇 | 赤色巨星 | 白色矮星 | 黒色矮星 |

水素の枯渇

今から54億年後

太陽の年齢：
およそ100億歳

赤色巨星

今から54億年後

太陽の年齢：
100億歳から110億歳

白色矮星

今から64億年後

太陽の年齢：
110億歳からおよそ1京歳

黒色矮星

今からおよそ1京年後

太陽の年齢：
1京歳超（理論上）

太陽の未来

赤色巨星段階
（100億歳から110億歳）

　今からおよそ54億年後、外側の層が4700度をわずかに超えるくらいまで冷えると、太陽は赤色巨星段階を迎えます。外観はさんさんと輝く黄色から明るい赤色に変わるでしょう。色は変わりますが、実際にはその巨大な大きさのために、今より何百倍も明るく見えるでしょう。赤色巨星になると、太陽の半径は少なくとも今の200倍にはなり、現在の地球の軌道あたりまで届くことになります。

　同時に、中心部の重力により、全質量の25%ほどが収縮して今の太陽の大きさの1000分の1ほどの球（地球よりわずかに大きいくらい）になるでしょう。中心部の密度は$1m^3$あたり15万〜10億kg近くにまで上昇します。しかし温度の低い外側の層はどんどん薄くなります。外向きの圧力によって質量がどんどん宇宙に放出され、10億年をかけてやがて光球の境界が不明瞭になり、中心核の外側の層は巨大なコロナに変わります。

太陽の重力低下：漂流

　惑星が現在の軌道に留まっていた場合、単純計算によると、赤色巨星になった太陽は赤道が火星をはるかに超えるところまで膨張するという予測もあります。このシナリオでは、すべての内惑星、すなわち水星、金星、地球、火星は太陽に飲み込まれることになります。しかし、太陽の質量が水素からヘリウムに変換される過程で、質量の一部はエネルギーに変換されています。太陽の質量は重力の源でもありますので、質量を失うにつれて重力は弱まるでしょう。この重力の減少はもちろん、太陽系にある惑星の軌道に影響します。軌道とは、単純に、宇宙のあるポイントの周りを物体が回る通り道で、重力によって曲げられた経路です。地球の場合、そのポイントは太陽の中心近くにあります。

　興味深いことに、太陽が質量を失っても、地球にはたらく重力は一定の速度で減ることはありません。これは地球が（太陽系のほかのすべての惑星と同じように）、1つには自らの質量によって、もう1つには太陽の周りを回りながら運動エネルギーを一種の求心力に変換していることによって、自ら重力をはたらかせているからです。天文学者の計算によれば、太陽の質量の変化の初期には、地球の軌道はそれに比例して変化することになります。しかし太陽の質量喪失が50%に近づくにつれ、火星とその他の外惑星の遠心力が太陽の重力に打ち勝ち始めます。その結果、それらの惑星の軌道は急速に膨らむことになります。50%の質量喪失で、これらの惑星では外向きの力が完全に重力を上回り、星間空間へと飛び出していくことになります。

太陽の外層の膨張

今から54億年後、赤色巨星段階に入ると、太陽は現在の地球の軌道あたりまで膨張するだろう。

水星　金星　地球

太陽が地球を飲み込むとき

　2008年、2人の天体物理学者クラウス＝ペーター・シュレーダーとロバート・C・スミスが、太陽の進化のモデルをつくりました。太陽の質量の変化が、惑星の軌道に及ぼす影響を計算するためです。このモデルによれば、太陽は赤色巨星の段階に入ると質量を失う速度を速めます。大きさが最大になるまでには、現在の質量のおよそ67%を失っていることでしょう。地球の軌道は最大50%膨らむと考えられますが、このモデルによれば、それは太陽の膨張から逃れられるほどに速くは起こりません。地球が十分遠く離れる前に、膨張する太陽が追いついてしまうでしょう。シュレーダーとスミスは、これが起こるのは太陽が最大になる50万年ほど前だろうと推測しています。彼らの計算が正しければ、地球のもともとの軌道がほんの0.15AU太陽から遠くにあれば、地球は太陽に飲み込まれるのを（かろうじてではありますが）避けられるということになります。

　一度太陽のコロナに取り込まれてしまったら、地球は太陽の物質の砲撃にさらされ、軌道は崩壊し、瞬く間に炎に包まれるでしょう。意外なことに、地球までの3つの惑星を除けば、太陽系はほとんど生き残ります。それどころか、一時的ではあるかもしれませんが、繁栄のときを迎えることでしょう。シュレーダーとスミスのモデルによれば、太陽を取り巻くハビタブルゾーンは太陽系の外側に移動し、現在の冥王星の軌道をはるかに越えるところにも、液体としての水が存在できるようになります。

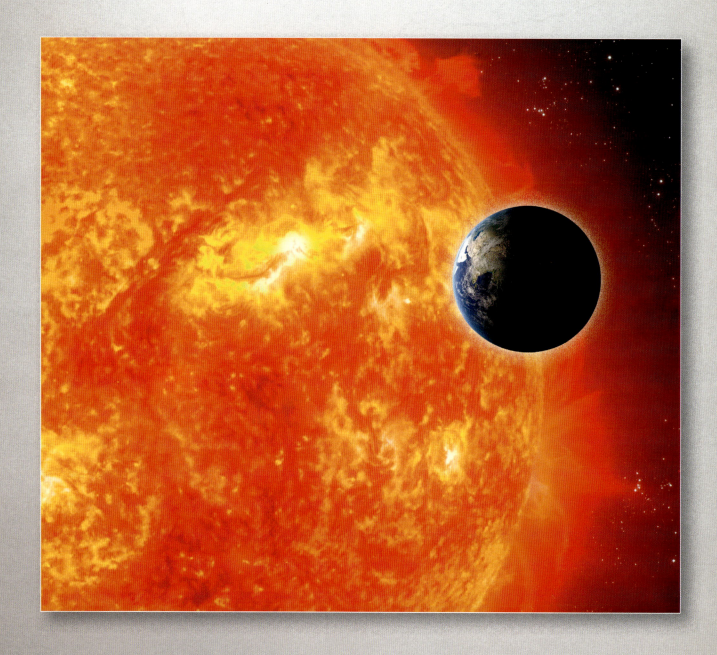

太陽系を越えて：脱出の必要性

　赤色巨星となった太陽が地球を飲み込むはるか以前に、地球上の生命はすべて太陽放射によって滅ぼされているでしょう。太陽が100億歳に近づくころ、放出されるエネルギーは地球上に残っている（残っていると仮定して）どんな生命体にも対処できないものになっています。太陽が100億歳の誕生日を迎えるときは、地球は1300度を超える温度に熱せられ、地球の海は気化しているでしょう。130億歳の誕生日を迎えるまでには、地球の表面は太陽の熱に溶かされ、広大な溶岩の海になります。140億歳の誕生日までには、ほんのわずかな大気も残っていないでしょう。

　かの有名な物理学者スティーヴン・ホーキングは、70歳の誕生日に受けたラジオのインタビューで、人類が地球という1つの惑星にすべてを注ぎ込むことの危険性に対して警鐘を鳴らし、宇宙移民を推奨しました。その前に私たちを滅ぼすものが何もないと仮定して、やがて来る太陽の最期に備えるための時間が、人類にはまだあります。とはいえ、生き残る希望があるとするならば、私たちは何らかの方法で地球を離れ、恒久的に居住できる太陽系外の住みかに移り住むことが必要です。

　2011年、ケプラーミッションに従事する研究者チームが、54の太陽系外惑星を確認しました。中心となる恒星のハビタブルゾーン内の軌道を回る太陽系外の惑星です。そのうち5個は大きさが地球の倍に満たないと考えられており、その重力は人間が耐えられるレベルである可能性があります。これらの結果から、研究者チームは、天の川銀河にある500億個の惑星のうち、少なくとも5億個はハビタブルゾーンにあると推定しています。

　5億個の惑星というとずいぶん多く聞こえるかもしれませんが、ケプラーミッションの科学者はほどなく、人類に適した新しい住みかを見つけるのは、当初想定していた以上に難しそうだと考えられる要素をいくつか発見しました。1つには、天の川銀河にある恒星の70〜90%が小さな赤色矮星で、放出するエネルギーが（太陽に比べて）あまりに少なく、そのハビタブルゾーンに地球型の惑星があるとしても、中心の恒星のすぐ近くの軌道を回らなければならないことがあげられます。恒星に近ければ赤色矮星の潮汐力があまりに強く、惑星は自転できません。すると惑星の一方は常に恒星の方を向いており、その裏側は常に太陽の反対側を向いていることになります。地球の昼と夜の周期に慣れた人類にとって、これは不快だけではありません。惑星の片側は常に猛烈に暑く、もう片側は凍えるように寒いということになるのです。加えて、すでにおわかりの通り、一方は常に恒星からの放射にさらされ、もう一方では光合成ができないということになります。さらに重要なことですが、自転ができない惑星では、赤色矮星の多くが放出する強いフレアから人類を守れるだけの強さをもつ磁場は、おそらく形成されないでしょう。

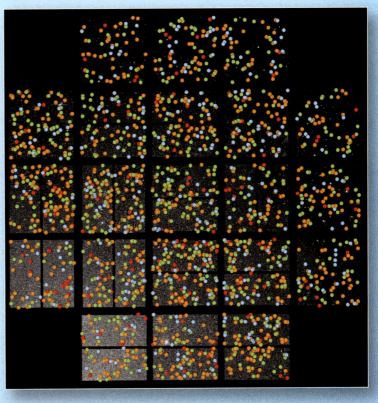

2013年1月7日時点で、ケプラー探査機は、恒星を取り巻くハビタブルゾーンのなかにあると考えられる1573の惑星を確認しており、発見はその後も続いている。青色は地球規模の大きさの星、緑色は地球よりもずっと大きな星、オレンジ色は海王星規模、そして赤色は巨大惑星の大きさの星。

太陽の未来　191

ケプラー62惑星系

ケプラー62の5個の惑星と太陽系の内惑星との対比図。ケプラー62eは地球類似性インデックスで高くランキングされる系外惑星のひとつで、太陽よりも小さく、暗く、年老いた矮星の周りを公転している。

　2013年4月24日現在、ケプラーチームはハビタブル惑星として可能性のある9個の惑星を「ハビタブルゾーンの系外惑星カタログ」にリストアップしています。このうちグリーゼ581gは、新しくリストアップされたケプラー62e（2013年4月に発見された）と並び、地球類似性インデックス（Earth Similarity Index：ESI）で最も高いスコアを記録しています。ESIは惑星の地球との類似性を「0（最も類似性に乏しい）」から「1（完全なレプリカ）」までの等級で表すものです。てんびん座にある、地球からおよそ22光年離れた赤色矮星グリーゼ581の周りを公転していると考えられている惑星グリーゼ581gは、ESIスコアでケプラー62eと同じ0.82をマークしました。

　ESIスコアが高いグリーゼ581gですが、この惑星は地球と酷似した星を見つけるのがいかに難しいかということを、私たちに再確認させてくれます。グリーゼ581gには、赤色矮星の周りを公転することから生じるすべての問題があるのです。自転がなく、惑星表面に水があるとしてもほとんどは凍っていると考えられ、表面温度は−35〜−12度くらいだと推定されています。

　そればかりか、この惑星がはたして本当に存在するのかどうかさえも議論されているのです。分光法を使ってハビタブルゾーンの系外惑星を見つけるために設計された高精度分光器、高精度視線速度系外惑星探査装置（High Accuracy Radial Velocity Planet Searcher：HARPS）が、6年半かけて行った179におよぶ恒星グリーゼの惑星系の観測で、グリーゼ581gの姿は一度も捉えられなかったのです。ケプラーチームは、HARPSを分析する研究者が方法論的な誤りを犯したために惑星を捉えられなかったのだと主張しましたが、HARPSの研究者はこれを否定しています。この論争の解決には、より精度の高いデータが必要になるでしょう。とはいえ、これまでで最も地球に類似した惑星が発見されたと当初は絶賛されたグリーゼ581gにまつわるケプラーのこの経験で、私たちは地球が本当にかけがえのない居場所であることを思い知らされました。

図の右半分を占めるのが、地球類似性インデックスで高くランキングされる系外惑星グリーゼ581g。ほかにこの系の中心である赤色矮星と3個の内惑星も描かれている。

同時に、地球にかわる惑星を見つけるためには、その過程で何百万もの失望を味わうだろうことに気づかされたのです。

ハビタブルゾーンの系外惑星のひとつに新しい住みかを発見できたと仮定して、人類は、恒星間の膨大な距離を移動することに伴う多くの困難を克服しなければならないでしょう。恒星間旅行には、宇宙船（相当数の人間を乗せられる大きなもの）のスピードを途方もないレベルに押し上げられる、強力な推進メカニズムの開発が必要になります。アルバート・アインシュタインの特殊相対性理論によれば（$E = mc^2$ を思い出してください）、質量とエネルギーは、同じことの2つの異なる形だということでした。この等価性の不運な影響のひとつに、速度の相対論的効果があります。すなわち、宇宙船が光速に近づくにつれ、宇宙船の相対的質量が増し、さらなる加速がますます難しくなるのです。この相対論的効果の結果、どんな星間推進システムを開発するにしても（少なくとも人がその寿命のあるうちに太陽系外の恒星系に到達できるだけの能力がなければなりません）、地球にある資源の多くを取られることになります。また、相当数の人員が、ほぼすべての労力をこのミッションに向けなければならなくなるでしょう。

人間（および酸素、食糧、水、その他人間が必要とするものすべて）を移送するという難題を回避する1つの方法として、人間のゲノムを断片的にハビタブル惑星に移送し、惑星到着後にロボットにより再現させるという方法が考えられています。非常に緻密な人間のDNAのマッピングを用いることで、人間のコロニーをロボットに誕生から「育て」させるのです。現実的な考えには聞こえないかもしれませんが、これは「100年スターシップ（100YSS）」とよばれる、NASAエイムズ研究センターとアメリカ国防総省が設立したアメリカ国防高等研究計画局（Defense Advanced Research Projects Agency：DARPA）との協同プロジェクトで、実際に検討されている計画のひとつなのです。

DARPAは独創的なアイデアを現実化することで有名です。インターネットを単純なアイデアから、軍事基地間の実際的な情報共有メカニズムに変えたことにも、DARPAの研究者がおおいに貢献しています。100YSSプロジェクトは、恒星間旅行の100年以内の実用化に向けた、DARPAの最も新しい取り組みです。100YSSプロジェクトのリーダーたちは指摘します。1865年にはSF作家のジュール・ヴェルヌでさえ、人間を月に送り込むのに必要なテクノロジーを思いつきませんでした。しかし、ほんの100年ほどでそれをアメリカが達成し、新たな歴史をつくったのです！

ジュール・ヴェルヌが『月世界旅行』を執筆してから100年ほどでこのSFは現実となり、ニール・アームストロングとバズ・オルドリン（写真）が、月に降り立った。

太陽の未来　193

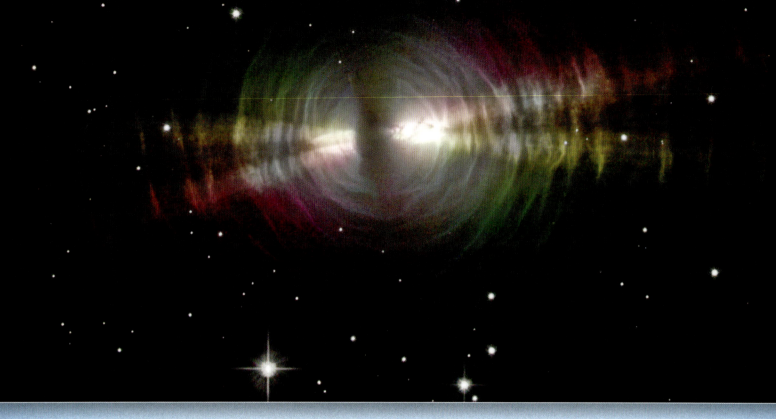

ハッブル宇宙望遠鏡が捉えた卵星雲という原始惑星状星雲の画像。中心部では、ガスと塵の殻を急速に解き放ちながら白色矮星へと変わっていく恒星が、厚い塵のためにぼやけて見える。

白色矮星段階
（110億歳からおよそ1京歳）

　太陽の赤色巨星段階は、重力によって太陽の中心核が圧縮され中心部の質量の原子構造が崩壊し始めると、基本的には終わることになります。残った物質は押しつぶされ、縮退物質として知られる亜原子粒子（電子、中性子、陽子、その他）のシチューのような状態をつくり、通常の物質と同じような相互作用はなくなります。この崩壊によって膨大なエネルギーが放出され、中心部をおよそ10億度まで熱します。

　これが臨界温度となり、ヘリウムの核融合が起きて、炭素が生成され始めます。しかし、ゆっくりと一定した水素の燃焼とは異なり、崩壊した中心部にある縮退した物質は、中心全体でほぼ同時に燃焼を起こします。これはヘリウムフラッシュとよばれています。するとそこで、赤色巨星の段階で見られるものと似たプロセスが始まります（ただしはるかに速い速度です）。核の中心部にあるヘリウムは、より外側にあるヘリウムよりも高速で核融合を起こし、炭素を生成します。核融合プロセスは外側に移動し、炭素と酸素主体の中心部を取り囲んで、燃え盛るヘリウムの殻をつくるのです。太陽コロナをつくっているイオン化したプラズマで残っているガスは、宇宙空間へ放出されて広がり、惑星状星雲とよばれる太陽を取り巻くリングをつくります。この段階は漸近巨星分枝段階とよばれます。

　太陽には、炭素の核暴走を起こせるほど強力な重力を生み出す質量はないので、超新星爆発が起こることはありません。外側の層が剥がれると、中心部の炭素と酸素が余熱で輝き続ける白色矮星とよばれる天体になります。核融合プロセスが止まり、エネルギー源もなくなり、中心部は崩壊し続けます。白色矮星になっても太陽はまだ非常に高温ですが、ここから先は残っているエネルギーが放出されるのみで、次第に冷えていきます。

内部はほとんど縮退物資なので、原子の動きはほとんどありません。温度も1億度で一定になります。しかし、外側の殻は、10万度くらいまで冷えていきます。残った熱は小さくなった表面から放出され、冷却プロセスも徐々にゆっくりになるため、この段階は非常に長く続きます。宇宙には、数千度で光り続ける、宇宙とほとんど同じくらいの年齢の白色矮星もいくつかあるのです。

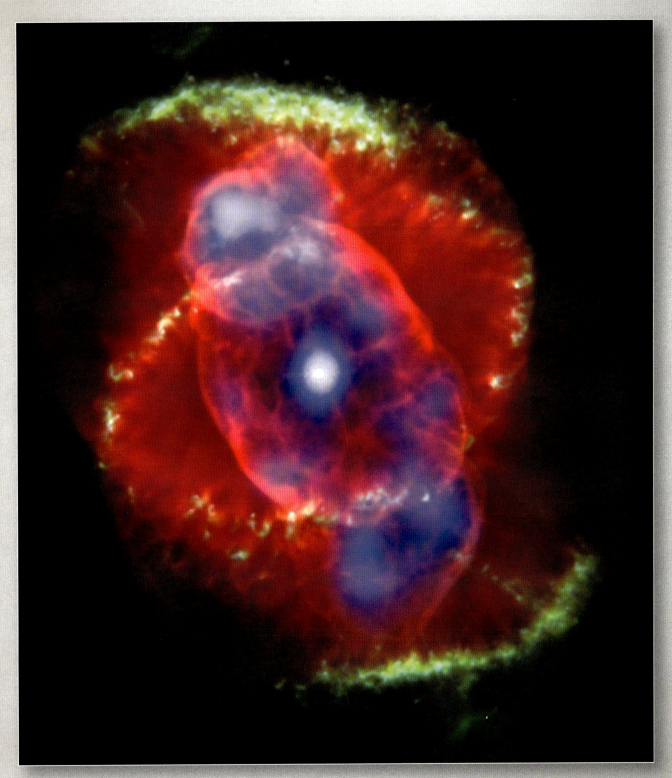

チャンドラX線観測衛星とハッブル宇宙望遠鏡の画像を合成したもの。
キャッツアイ星雲の中心に白色矮星が写っている。

生命、それは永遠に繰り返される生と死の営みである。
永遠に老いることなく、情熱をもち続けて、まるで
足載せ台の上に立つかのように今この地球の上に立つ。
そして宇宙の星々のなかで、世界を広げて行くのだ。

H・G・ウェルズ『世界文化史大系』(1920年)

黒色矮星段階
（1京歳超〔理論上〕）

　宇宙は、およそ137億9000万歳と考えられています。この宇宙の年齢以上に古い存在はありえませんから、137億9000万歳を超えた太陽がどんなふうに見えるかということは、予測することしかできません。理論的には、その温度が周囲の温度と等しくなるまで冷却が続きますが、その段階で熱放射が完全に止まり、太陽は黒色矮星になります。

　宇宙にはまだ黒色矮星は存在しないと考えられています。黒色矮星はおそらく、惑星のように見えながらも、近くの物体に対して惑星よりも相当大きな重力を及ぼすだろうと、科学者は推測しています。もし黒色矮星を見つけることがあるとしたら、それはおそらく、近くの物体にはたらく重力によって、「ゆがみ」を検知するということになるでしょう。

ハッブル宇宙望遠鏡が撮影した画像。この太古の球状星団NGC6397では、小さく明るさも劣る星の間に、8億歳弱から35億歳までの白色矮星が点在している。

太陽の今後

　太陽が暗くなるとき、人類を待つ運命は悲劇的ですが、それでも未来は明るく輝いています。私たちは、太陽にはたらく複雑な力や、それらの力が宇宙環境に及ぼす影響について、ようやく理解し始めたところです。ほんの2〜3年前に打ち上げられた衛星によって、太陽について、そして太陽と太陽系を構成するすべてのものとの複雑な相互関係についての私たちの理解は、劇的に進歩しつつあります。また、今後数年をかけて、NASAはHGO（Heliophysics Great Observatory）を構成する衛星をさらに打ち上げる予定です。

MMS

　2015年3月、アメリカ航空宇宙局（NASA）は、地球の磁気圏を調べるために設計されたMMS（Magnetospheric Multiscale Mission）という4機で構成される衛星を打ち上げました。MMSは、磁気リコネクションによって磁力線がつなぎ変わり、磁気エネルギーが運動エネルギーに変換される磁気圏の電子拡散領域について、重要な計測を行います。磁気リコネクションは、地球の磁場から大気圏上層の荷電粒子にエネルギーが伝わるしくみでもあります。この磁気リコネクションをより深く理解することで、太陽コロナで起こる磁気リコネクションを理解する手掛かりが得られるでしょう。磁気リコネクションが太陽付近の荷電粒子をどのように加速するのかが理解できれば、コロナ質量放出をより正確に予測できるようになるでしょうし、地球に及ぼす影響についても、よりよい防御措置を開発できるようになるでしょう。

SolO

　NASAは、2017年1月までに、欧州宇宙機関との共同プロジェクトであるSolO（Solar Orbiter）を打ち上げる計画を進めています。SolOは、太陽を近くで詳細に観測するために設計された太陽観測衛星です。10個の精密観測機器を搭載し、太陽風の磁気特性と構造の分析、太陽圏内部の磁気的変動のマッピングを行うことが目的に含まれています。たとえば、これまでに太陽圏内部の荷電粒子の密度の高まりが観測されていますが、なぜそうなっているのかはわかっていません。太陽の磁気特性についての正確なデータを集めることで、SolOは、太陽、地球、そして太陽圏の外層のつながりが活発になるプロセスを明らかにしてくれるかもしれません。

MMSミッションの一環で打ち上げられる4機の衛星のイメージ図。

SPP（Solar Probe Plus）

　2018年、NASAは宇宙探査機SPPの打ち上げを計画しています。SPPは、太陽コロナの外層を観測するために設計されており、これまで打ち上げられた衛星と比べて太陽に最も近い、彩層から590万kmの距離まで接近する予定です。そこまで太陽に近づくために、SPPは秒速最高200kmに加速します。これは人類がつくる最速の物体ということになります。最終的に太陽を回る軌道に到達すると、探査機は1400度を超える高温にさらされますが、搭載する観測機器は、探査機前面に設置する炭素繊維強化炭素複合材料でつくられた耐熱シールドによって防護されるでしょう。

　すべてが計画通りに運べば、この探査機は太陽風の発生のプロセスを分析し、太陽コロナにあるプラズマの「塵」がどのように荷電粒子を形成するのかを探索し、さらに太陽系の外側に向かって太陽風を追いかける荷電粒子を加速させるエネルギーを追跡します。観測で得られる情報は、現代社会で重要なGPSや地球を周回する通信衛星や地球表面にある脆弱な電子機器を守る方法を開拓するために、非常に役立つでしょう。

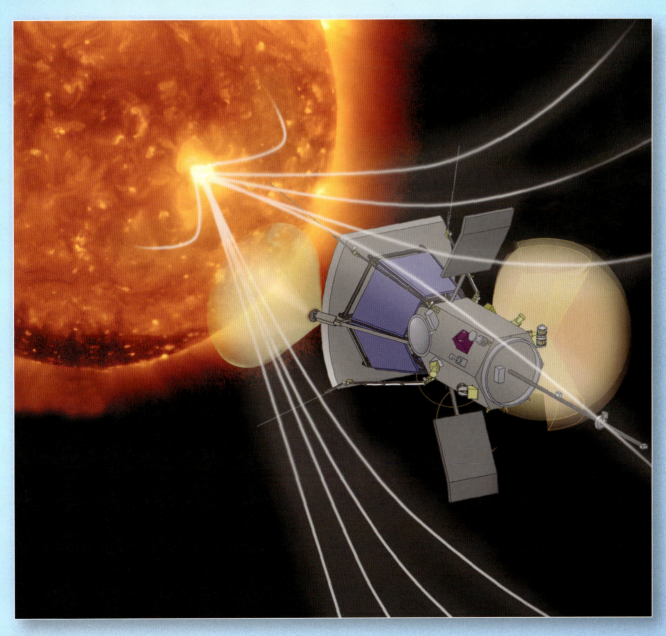

太陽の外層に近づくSPPのイメージ図。

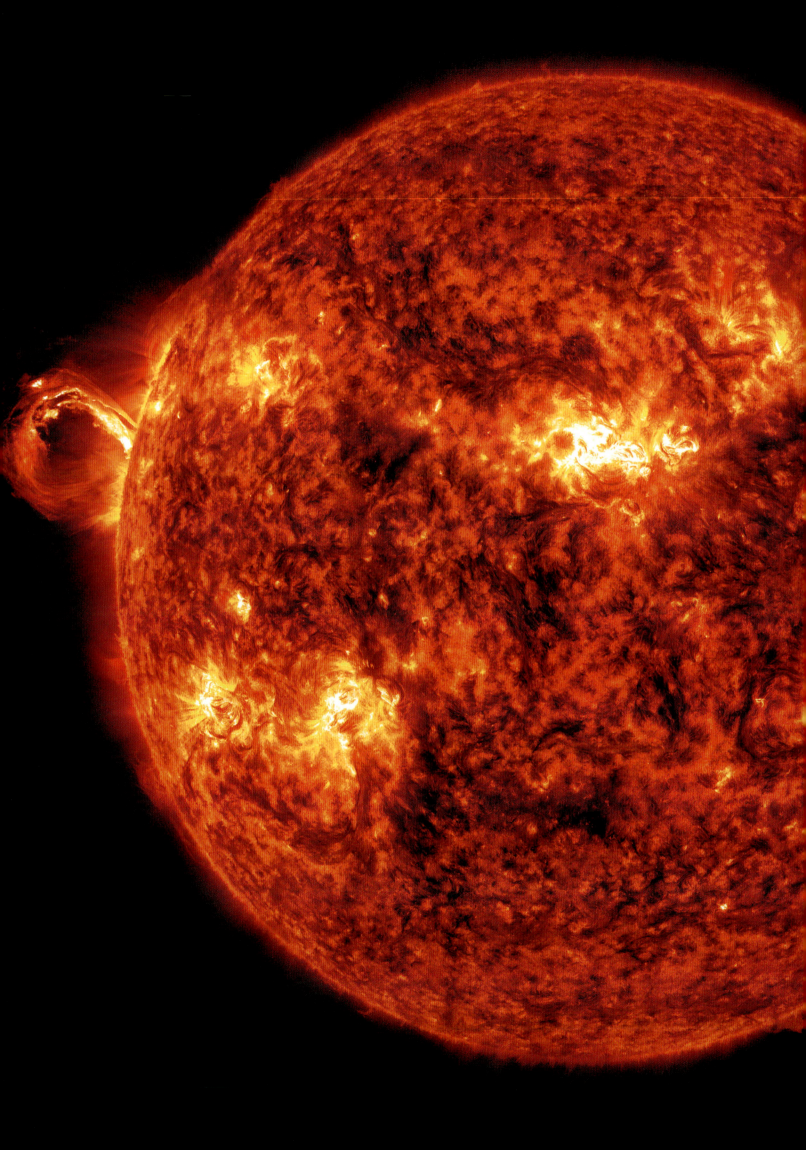

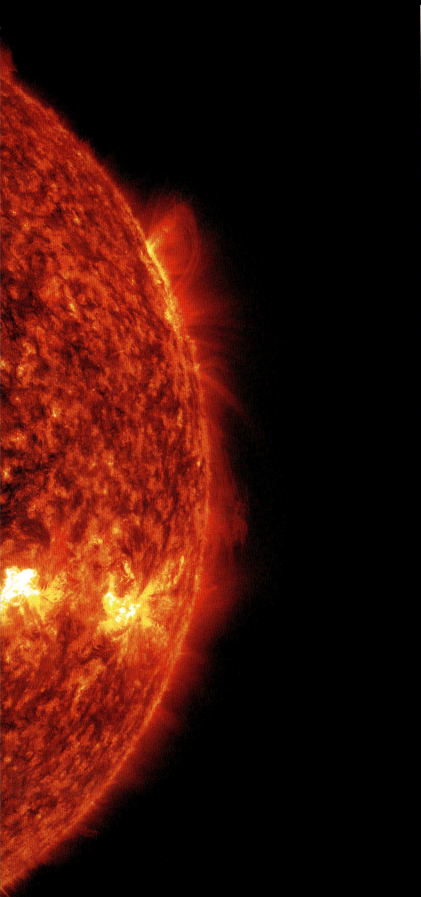

　皮肉なことに、太陽の科学を学べば学ぶほど、単なる科学的調査の対象以上のものとして、その価値を評価できるようになります。私たちの身体が太陽からどのようにエネルギーを得て生命維持に必要な栄養素に変換するのかを理解したとき、太陽の奥深くでつくられた磁場がポケットに入った電子機器にどのように影響するのかを理解したとき、そして太陽系のすべてのものが太陽の最外層に存在するのだということを理解したとき、太陽は「宇宙空間」の据え付け品以上の存在になります。

　太陽は常に変わらずに存在する人類のパートナーであり、宇宙にある天体が構築しうる最高に緊密な関係を、地球上の生命と育んできました。日が昇り、そして沈むことで、私たちの生活のリズムは決まります。私たちを暖かい光で包み、周りにあるすべて、嬉しいことや悲しいことのすべてを「見る」ことを可能にしてくれています。太陽の研究がもたらした天文学上、物理学上のあらゆる大発見のなかで、太陽から人類への最もすばらしい贈り物は、私たちが自分の存在を理解し、私たちが宇宙で占めるこの特別な場所について理解することを助けてくれたことにあるのかもしれません。

　太陽は天の川銀河だけでも3000億もある恒星のひとつです。しかし、人類がこんなにも直接かかわることができる唯一の星なのです。太陽は人種を問わず、国を問わず、宗教を問わず、すべての人間をつないでくれています。いつどこに住もうとも、すべての人に共有されているのです。そのようにいえるものは、ほとんどありません。そして、私たちが太陽を動かすすべてのことを理解し、科学によってすべての謎が解明されるときがきても、人類はやはり太陽との結びつきを共有しているでしょう。太陽は本当に驚くべき存在なのです。そう、太陽は単なる1つの星ではありません。私たちの星、私たちにとってかけがえのない、唯一の星なのです。

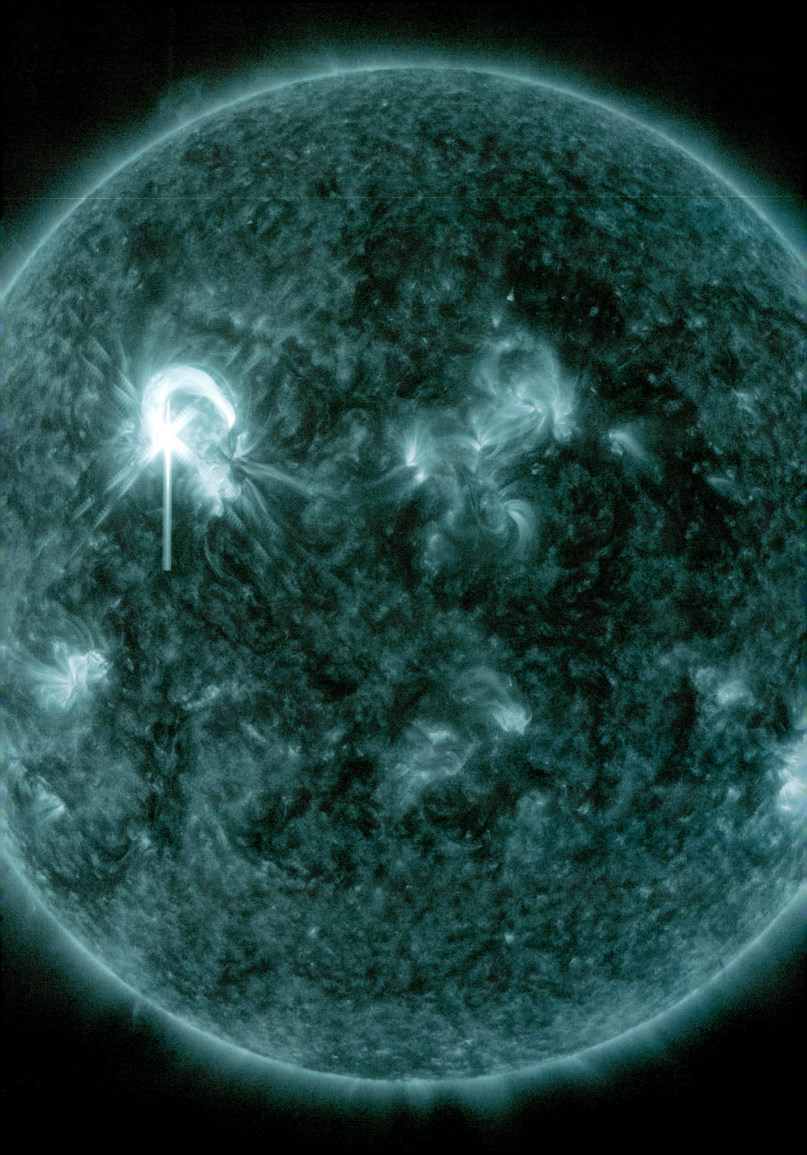

謝辞

若者は恐れを知らないとよくいわれます。怖いと思えるほど物事をわかっていないのだと。太陽の科学に関する本をまとめ上げるという取り組みに、ひるまなかったとはいえません。しかし、始めたときには何もわかっていなかったとはいえるでしょう。考えは単純かつ、明解でした。「アメリカ航空宇宙局（NASA）のSDO（Solar Dynamics Observatory）がかつてない詳細な太陽の画像を撮影している。これは机で楽しめる大型本として誰かが出版すべきだ。そしてどんな読者でも理解できるように太陽の科学を説明すべきだ」と。エネルギー政策の専門家であり、科学ファンを自認する者として、私はこれまでに電気の技術的な側面や、複雑に入り組んだエネルギー市場について、一般向けの本を数冊書いてきました。そして思ったのです。太陽の科学を簡単でわかりやすい本にすることも同じことだろうと。

そのときは自分がどれほど困難なことをあまりに軽々しく提案しているのかを、全く理解していませんでした。しかし、それは幸いだったと思うのです。膨大な作業（途方もない量のリサーチをし、書いては書き直し、編集し、事実確認を行い、そしてまた確認し、更新し、まとめ上げるということの大変さ）を理解していたら、それほど考えることもなくこの企画に取り組むことはなかったでしょうから。太陽というテーマは本物の太陽のように大きく、また太陽に関する情報は常に変化しています。それは少なからず、NASAの驚くべき観測機器と、それを扱う非凡な科学者があってこそ、ありえた新発見によるものです。そうした有能な方々の助けがあっても、ときに理解を誤ってしまうこともありました。そうした誤りについては、どうぞお許しください。本書にある誤りはすべて私の責任です。

しかし称賛に値することがほんの少しでもあるとすれば、それはすばらしいチームの皆のものです。彼らのサポートがあったからこそ、あまりに世間知らずな私の思いつきがかたちになったのです。レース・ポイント・パブリッシングのジェフ・マクローフリンの支援と友情には、心から感謝しています。本書の企画が生まれたときから私を導いてくれました。ジェフの私への揺るぎない信頼は、しばしば私自身の確信以上のものとなりました。本をつくり上げるという激流のなかでも難なく水に浮いていられる彼の能力は、嵐のさなかでおおいに私を落ち着かせてくれました。それは出版業のプロとしての彼の比類ない才能の証です。

ブック・ショップ・リミテッドのナンシー・ホールとリンダ・ファルケンに深く感謝します。編集者であるリンダは、本書の文章が明瞭になるよう緻密な確認をしてくれたばかりでなく、膨大なリサーチにおける科学などの専門分野に関する記述の正確性を確認し、選別をしてくれました。編集者としての責任をはるかに超える彼女の献身的な努力がなければ、厄介な事実誤認が本文に含まれていたことでしょう。「一般書の新米著者から課された史上最大の忍耐」のような賞があったならば、優勝トロフィーはナンシー・ホールが難なくものにすることでしょう。この複雑な企画で同時に進行するすべてを調整し、ほかの全員が非常に厳しい期限を守ることに集中できる環境をつくってくれました。僅差の2位はアーティストのティム・ペイリンです。視覚に強く訴える彼のデザインによって、私の書いた文字だらけの本文が見事なアートになりました。

本書はNASAの写真に触発されたアイデアとして始まり、常に過小評価されているこの機関への一種のオマージュで終わっています。本書の言葉とイメージはすべて、とにもかくにもNASAのおかげで存在します。ゴダード宇宙飛行センターのメディア・スペシャリストであるスティール・ヒル博士には、特に感謝しています。最初に示した骨子についての貴重なアドバイスや、この本の最もすばらしい写真のいくつかを提供してくださり、また、著名な天体物理学者でNASAのLWS（Living With a Star）計画の主任科学者でもあるリカ・グハタクルタ博士の確認も得られるよう調整してくださったのです。プリンストン大学のスーパースター天体物理学者で「刊行によせて」を書いてくださったデイヴィッド・スパーゲル博士にも、深く感謝しています（初期の宇宙に関する彼の研究を、私は以前から称賛しています）。

本を出版したことがある人なら誰でも知っていることですが、企画への唯一のかかわりといえば、著者への愛情のみである人々の無条件の支援と日々の犠牲とは、どれほどの技術的、専門的な助けをもってしても決して補うことはできません。私に関していえば、それにあたる寛容で辛抱強い人々には、両親であるボブ＆シャロン・クーパー、そして私の手本であるデイヴィッド・スタイヤーが含まれます。また、ルームメートであり最高の友であるトーマス・メイクリーには、とりわけ深く感謝しています。およそルームメートが経験することなどないであろう犠牲を彼が受け入れてくれたからこそ、この企画を実現することができたのです。

クリストファー・クーパー

用語解説

【あ】

アデノシン三リン酸（ATP）
光合成の生成物。細胞内で化学エネルギーを運搬するために重要な補酵素。

イオン化／電離
イオン（電子などの荷電粒子）が原子に足されたり、原子から放出されたりすること。

位置天文的連星
共通の重心の周りを回る恒星のペアのうち、連星の片方が見えないもの。何もない空間で周回しているような星を観測し、推測によって判明する。はくちょう座 X-1 などが知られる。

異方性（ゆらぎ）
計測しうる性質の差。天文学においての異方性は、初期の宇宙で質量を有する異なる領域に見られ、宇宙背景放射によって計測される、わずかな温度の差。

ウォルフ黒点相対数／ウォルフ数
黒点と黒点群の観測値を標準化したもの。観測に使われた機器（および観測地）を考慮する。

宇宙のインフレーション
ビッグバン直後、10^{-36} 秒後から 10^{-34} 秒後のわずかな時間に起こったとされる、光速を超える速度での理論上の急激な宇宙の膨張。

宇宙の晴れ上がり
宇宙が誕生し、形成される初期段階において、物質の温度が下がって電子が陽子につかまり、電気的に中性の水素原子が生成され、光子が自由に動き回る電子にまき散らされることなく進めるようになった時期を指す。

凹レンズ
中央が薄く周辺が厚くなっているレンズで、通過する光を集め、物体を小さく見せる。

オプシン
光受容細胞にある光に反応するタンパク質で、光子の電気化学的信号への変換を促進する。

オールトの雲
太陽系の中心からおよそ1光年のところで太陽系を取り囲む、何十億もの凍った塵でできた仮説上の雲。

オーロラ
地球の大気圏（普通は高緯度地方）で見られる光のショーで、太陽風からの荷電粒子が地球の磁気圏と衝突し、エネルギーが解放されて光る現象。北半球で見られるオーロラは北極光、南半球で見られるオーロラは南極光とよばれる。

【か】

会合周期
太陽の見かけ上の自転周期で、26.24日。地球から観測した場合に赤道上の特定の要素が1周して同じ場所に戻るまでに要する期間。地球が太陽の周りを公転しているため、実際の自転周期（恒星周期）よりも長くなる。

角運動量
回転する物体の回転速度とその質量との積。

角運動量保存の法則
物理学の法則のひとつ。物体を回転させることによって生まれる角運動量は一定であり、移転することのみできるというもの。この法則によって、太陽のような流動性をもちながら回転する物体が、なぜ差動回転するのかが説明可能になる。

核暴走
恒星の質量によって生まれる圧力と重力が増し、炭素の核融合に火がつき、加速度的に核融合が継続すること。恒星の中心部はますます凝縮され、やがて自らの重力で崩壊し、超新星爆発を引き起こす。

核融合
途方もない熱と圧力によって原子の原子核が融合し、新しい原子核を生成する核反応。その過程で質量がわずかにエネルギーに変換される。

カメラ・オブスキュラ
物体の像を、暗くした部屋もしくは箱の一面に開けた小さな穴に光を通すことで、穴と反対側の面に投影する光学装置。目を傷めずに太陽を観測するのにしばしば用いられた。

カルシフェジオール
ビタミンDの一種で、体内に貯蓄され、ビタミンDの活性型に変換される。

カンブリア爆発
5億4000万年ほど前の古生代カンブリア紀に、今日見られる動物の「門」が急速に出そろった現象。生命体が大規模に多様化した。

ガンマ線バースト
巨大な星が崩壊し極超新星爆発が起こるときに放出される細い光束。強烈な放射で明るい閃光に見える。

逆行運動
惑星やその他の天体を地球から観測したときに、天球上を東から西に動くように見える、見かけ上の運動。惑星と地球の公転周期の違いによって起こる。

極性
電磁気をもつ物体の特性で、電荷が引き寄せられる電気的な偏り。通常磁力線は「北極」から出て「南極」に入る。

極超新星
高速回転する巨大な星が崩壊してブラックホールがつくられるときに生じる、通常の数十倍の爆発エネルギーをもつ超新星爆発で、ガンマ線バーストとの関係も指摘される。

クォーク
物質の基本的な構成要素。クォークの構造でその複合粒子（陽子や中性子など）の電荷が決まる。

グライスベルク周期
およそ87年ごとの太陽活動の強さの変動の周期。提唱した天文学者ウォルフガング・グライスベルクにちなんで名づけられた。

嫌気呼吸
最終電子受容体として酸素以外のものを利用し、細胞エネルギーを生み出すプロセス。

原始星
恒星誕生の最も初期の段階で、星間塵の雲のなかの質量領域が大きくなっていく。太陽は誕生から10万年を原始星として過ごした。

元素合成（原子核合成）
ビッグバン開始後3分ほど経ったところで始まったプロセスで、陽子と中性子の組み合わせによって最初の原子の原子核が形成された。

光化学
光エネルギーを吸収することで物質に起こる作用を扱う化学の一分野。

好気（酸素）呼吸
酸素を最終電子受容体として利用し、細胞エネルギーを生み出すプロセス。

光球
恒星で光が放射される最も深い領域。太陽の荒れ狂う「表面」。

光子
素粒子のひとつ。光もしくはほかの電磁放射。

恒星周期
太陽の実際の自転周期で、赤道地点では24.47日。

国際単位（IU）
薬理学で用いられる、脂溶性のビタミンなどについて、生体に対する効力でその量を表す標準単位。

黒色矮星
恒星の生涯における仮説上の段階。冷却が進み、光も熱もあまり放出しなくなる。白色矮星がこの段階に到達するには現在の宇宙の年齢以上の時間を要すると計算されており、現時点ではまだ、黒色矮星は存在しない。

黒点
太陽光球に見られる、暗く、周囲と比較して温度の低い領域。磁場が強く、太陽物質の対流が一時的にブロックされる。黒点は通常極性が逆の黒点とペアで現れる。

古細菌
メタン菌、高度好塩菌、好熱好酸菌、超好熱菌など、極限環境に生息する生物。現在の生物分類上では、真核生物（植物、動物、真菌）、真正細菌（細菌、バクテリア）と並んで独立したドメイン（界よりも上の、最も高いランクの階級）が与えられる。たいていは嫌気呼吸を行い、細胞には核やその他の膜で囲われた細胞内の構造を有しない。

骨軟化症
痛みを伴う骨の軟化症状（日本では患者が小児の場合はくる病という）で、多くはビタミンD欠乏症に起因する。

コペルニクス革命
宇宙についての、地球中心モデル（地球が中心にある天動説）から太陽中心モデル（太陽が中心の地動説）への科学的思考のパラダイムシフト。一般的に、天文学者ニコラウス・コペルニクスによるものとされる。

コリオリ力
回転座標系上で動く物体にかかる、見かけの力。回転座標系の静止した位置からは、物体に対して何か力が加えられ物体の軌道が変わったように見える。

コロナ
太陽大気の上層部にある極度に熱い層。宇宙に何百万kmも広がる、低密度で100万度のプラズマからなる。

コロナ質量放出（CME）
太陽大気圏から突発的に荷電物質が放出される現象。通常は、太陽表面近くの磁力線のループが突然切れて開いたときに解放されるエネルギーによって起きる。

【さ】

歳差運動
2万6000年かけて地軸が円を描くように揺れること。星が見える位置が、時間とともにゆっくり動くことの原因と考えられている。

彩層
太陽大気の下層、光球（可視光で見える太陽の表面）とコロナの間に位置する、薄いガスによって形成される層。太陽フレアやプロミネンスが観測される。

差動回転
太陽のような流動性のある回転（自転）物体で起こる現象で、異なる部分が異なる角速度で回転すること。

酸素発生型光合成
植物や植物プランクトン、藻類などが、光を化学エネルギーに変換するプロセスで、副生成物として酸素がつくられ大気中に放出される生化学反応。

シアノバクテリア
細菌の門のひとつ。一般的には光合成によりエネルギーを得る青緑色の藻として知られる。

紫外線スペクトル
波長が紫の可視光よりも短く、X線より長い領域に入る電磁放射。人間のDNAを損傷し、ガンを引き起こす可能性がある。

磁気圏
地球の電離圏の上部にあり、太陽からの電磁気力や荷電粒子を妨げるバリアの役割を果たしている。

磁気リコネクション
導電性の高いプラズマで起こる現象で、異なる磁場領域から出る磁力線がつなぎ変わること。あるいは磁場とのつなぎ変わりのパターンが変化すること。

視差
2つの異なる視線で物体を捉えた場合に、見える位置が異なること。天文学者は、視差を使って天体間の距離を計算する。

磁束
磁力線の束。磁界の強さと方向を表す。

質量中心
2つ以上の物体にはたらく重力が均衡し、それぞれの物体に作用する正味の重力がゼロになるところ。

磁鉄鉱
マグネタイト。強い磁性をもっており、磁鉄鉱そのものが天然の磁石になっている場合もある。

ジプロトン
ヘリウムの不安定な同位体で、ヘリウム2ともよばれる。2つの陽子をもち中性子はもたない。通常はすばやく崩壊して2つの別々の陽子になる。

従円
プトレマイオスモデルにおける、地球を取り巻く大きな円。惑星は周転円上を回転しながら、より大きな従円上を公転する。

周転円
プトレマイオスモデルにおける、惑星の軌道。従円とよばれるより大きな円上に中心をもち、惑星がその上を回転する。惑星が見せる逆行するような動きを説明するために、プトレマイオスが考え出した。

縮退物質
収縮した星、あるいは星の残滓のなかで、異常に高い密度によってできる、自由に動いたり互いに作用することのない原子(電子、中性子、陽子など)の集まり。

主系列星
恒星のうち、安定した核融合を行っている時期のもの。恒星の進化のなかで最も長い期間を占め、太陽をはじめとする多くの恒星がこれに分類される。

焦点
凹面鏡にぶつかった後に光線が集まるところ。

水素枯渇
恒星内部での水素からヘリウムへの核融合が止まる時点を指す。

水素燃焼
核融合によって水素からヘリウムがつくられるプロセスを指す。「水素融合反応」ともよばれる。

星雲
恒星間に漂う塵、水素、ヘリウム、イオン化ガスの雲。星雲から星が生まれる。

生物発光
生命体が化学反応によって光を生成、発光すること。また、生成された光。

青方偏移
近づいてくる光源からの光の波長が、光波の圧縮によって電磁スペクトル上を紫外線側に移動すること。

赤色巨星
恒星の進化の一段階。この段階にある恒星では、中心核中心部の水素がすべてヘリウムに変換され、水素の核融合が中心を取り囲む殻へと加速度的に進む。

赤方偏移
遠ざかる光源の波長が電磁スペクトルの赤外線側にずれること。ドップラー効果により光波が膨張することで起こる。

先カンブリア時代
地球の形成（およそ45億4000万年前）からカンブリア紀の始まり（およそ5億4100万年前）までの期間。嫌気呼吸で細胞エネルギーを生成する生命体が支配していた。

漸近巨星段階
恒星の生涯の一段階。中心部のヘリウムが核融合で炭素に変換され、ヘリウムの核融合がより外側に移った後の段階で、明るさを大きく増す。

せん断
連続物質内部の粒子の異なる動きによって生じる力。太陽内部では、放射層にあるプラズマと対流層にあるプラズマの角速度が異なるため、2つの領域が接するタコクラインで起こると考えられている。

【た】

大酸化イベント
最初に光合成を始めたシアノバクテリアが、その副生成物として酸素を排出し始めてからおよそ2億年ほど後に起こった、大気中の酸素濃度の急激な上昇。

太陽極小期
黒点数と太陽放射のレベルで計測される、太陽活動の減少する期間。

太陽極大期
黒点数と太陽放射のレベルで計測される、太陽活動の増大する期間。地球環境にも多大な影響を及ぼすとされる。

太陽系外惑星
太陽系外にある惑星。その存在は、惑星が恒星の前を横切るときに起こる、恒星の明るさの変化から推測できる。その他さまざまな方法で観測が試みられている。

太陽圏物理学
太陽そのものを研究する太陽物理学に対して、太陽圏全体（太陽と惑星系、太陽風など）の物質、運動、磁場などを研究対象とするもの。

太陽光発電
導電性物質中で電子を励起させ、太陽光を電気に変換する方法。電子は原子を飛び出して自由になる。

太陽磁場逆転
太陽磁場の11年ごとの周期的変化で、磁極が逆転する。

太陽周期
太陽活動の22年ごとの周期的な変動で、黒点の数と太陽放射のレベルで測定する。11年ごとの太陽極大期と太陽極小期が含まれる。

太陽中心説（地動説）
太陽系のモデル。地球とその他の惑星は太陽の周りを回っているとする説。

太陽風
太陽大気の上層部からの荷電粒子の絶え間ない放出。地球磁気圏との相互作用で美しいオーロラを生み出す。

太陽フレア
太陽面爆発ともいう。太陽大気中のプラズマが急激に高温に熱せられることによって起こる、太陽からの急激な電磁放射の解放（爆発）。通常フレアがあると、太陽表面に明るい閃光が見られる。

対流
流体の動きによって起こる熱エネルギーの移動。太陽においては、深部の熱いプラズマが冷たい表面に向かい、また深部に戻る。

対流セル
太陽の対流層においてプラズマが循環しているところ。熱いプラズマが表面に上昇し、冷えて、再び下に沈む。

対流層
太陽の放射層と光球の間にある層で、エネルギーが主として対流によって伝達されるところ。

タコクライン
太陽の放射層と対流層の間にある比較的薄い移行領域。2万8000kmほどの厚さ。太陽磁場の源の大部分であると考えられている。

ダルトン（ドルトン）
原子レベルでの質量の標準単位。19世紀のイギリスの科学者で、近代原子論の先駆者であるジョン・ドルトンに由来する（日本では「ダルトン」とすることが多い）。

地球中心説（天動説）
地球が宇宙の中心にあり、ほかのすべての天体は地球の周りを回るとする宇宙のモデル。

超新星爆発
恒星が起こす激しい爆発。重力によって中心部の原子の構造が崩壊し、太陽がその生涯を通して放出する量に相当するエネルギーを、短い爆発で解放する。

テラワット
電力の単位で1兆ワットに相当。2010年に人類が消費した電力の総量は、およそ16テラワットである。

電磁気
自然界に存在する4つの既知の基本相互作用のひとつ。分子間の電子の相互作用で得られ、電荷もしくは磁場を誘導する。

電磁スペクトル
電磁放射のすべての周波数（または波長）域のこと。電波(何百m〜1mmほどまでの波長)から短いガンマ線(1mの1兆分の1の波長)まで含まれる。

電子伝達系
好気呼吸や光合成において、供与体となる分子から受容体となる分子への細胞膜、あるいは細胞内膜を越えた電子の移動。

天文単位（AU）
長さの単位。地球と太陽のおよその平均距離である、1億4959万7870.7kmと、厳密に定義される。

動圧
圧縮された流体の単位体積あたりの運動エネルギー。たとえば、大気圏を飛ぶ飛行機の翼の前縁に接した空気にかかる圧力など。

同位体
元素の原子の原子核にある中性子の数が異なるもの。

ドップラー効果
波の発信源が近づく際、あるいは遠ざかる際に、波動（音波、光波を含む）の収縮もしくは拡張のために周波数が異なって観測される現象。

凸レンズ
中心が厚く、周辺が薄いレンズ。通過する光は広がり、物体は大きく見える。

ドーピング
太陽光発電において、シリコンに意図的に不純物を加え、伝導性を操作して電子の流れを誘導すること。

【な】

日震学
太陽を構成する物質と太陽内部で起こる運動に関する情報を得るための、太陽の振動や波動の研究。

ニュートリノ
太陽内部の水素の核融合中に放出される、電気的に中性の微小な素粒子。

【は】

白色矮星
主系列星にある恒星の、生涯の後期にある一段階。すべての核融合反応が停止し、不活性の炭素と酸素が残る中心核に蓄積された熱エネルギーを発しながら、次第に暗くなる。恒星が1京歳を迎えるころまで、この段階が続く。

発光スペクトル
原子や分子が、エネルギーの高い励起状態から低い状態へ遷移するときに放射する、電磁放射の周波数域。

ハビタブルゾーン
生命居住可能領域。理論上、恒星の周囲で、惑星がその表面に液体としての水を維持し、生命を維持することが可能な領域。

バリオン数生成
宇宙初期に見られたとされる仮説にもとづく物理的プロセスで、物質と反物質の非対称が生まれること。結果として、わずかに残った物質から宇宙のすべてが形成されたとされる。

反物質
通常物質の素粒子と同じ質量をもつが、電荷と磁荷が逆の反粒子で組成される物質。物質と反物質が接触すると、お互いを消滅させる。

プトレマイオスモデル（天動説）
天文学者のクラウディオス・プトレマイオスが提唱した地球中心の宇宙論。いくつかの惑星に見られる見かけ上の逆行運動を、従円と周転円を使って説明する。

フラウンホーファー線
光源の光学スペクトルに現れる数々の垂直の暗線。光源をつくる元素に一致する。

プラズマ
物質の4つの基本形のひとつ。電磁気への反応性に富む荷電粒子（イオン）でできている。

プロミネンス
紅炎。帯電したプラズマ（しばしばループ状）のフィラメントで、太陽の光球から出て彩層、コロナに伸びている。

分光的特徴
光源から発せられる電磁放射線の、光源に固有の波長の組み合わせ。分光的特徴から、分光法により光源の組成と相対運動を知ることができる。

分光法
分光的特徴を用いて、物質とその放射エネルギーの相互作用の研究をすること。恒星やその他の天体の組成やその相対運動を判断するために利用される。

ベクトル
力の大きさと物体に及ぼす影響の方向の計測値。

β^+ 崩壊
放射性崩壊の一種。原子が原子核から陽電子と電子ニュートリノを放出し、陽子中のクォーク構造を変え、陽子を中性子に変換する。

望遠鏡投影術
天文学者ベネデット・カステリが最初に考案した太陽観測手法で、望遠鏡を使って太陽の像を平面に投影する。

放射
原子間を移動する電磁波によるエネルギーの移転。

放射性同位体
同位体の一種。原子核が不安定で、一定の速度で放射線を放出して崩壊し、安定した形になる。

放射層
太陽内部の中心核と対流層の間の層で、主として放射によりエネルギーの移転が起こるところ。

【ま】

マウンダー極小期
およそ1645年から1715年にかけての長期にわたる黒点活動減少期。ヨーロッパは平均を下回る気温にみまわれた。

マクロファージ
免疫システムの特別な細胞で、細胞破片や病原菌などの異物を捕食して消化する。

マラーガ革命
マラーガ（マラーゲともいう）近くの天文台で学んだ14世紀のペルシャの天文学者による、プトレマイオスの宇宙論モデルからのパラダイムシフト。

メガ電子（エレクトロン）ボルト
エネルギーの単位で、1つの電子を1ボルトで加速したときに得られるエネルギーの100万倍に相当。

【や】

誘導電流
地球上の導体（通常は電線、変圧器、電気回路）を通じて起こる帯電。太陽からの電磁エネルギーと地球の磁場との相互作用によってつくられる。

陽子-陽子連鎖反応
恒星内部で水素をヘリウムに変換する核融合反応の一種。まず重水素（原子核に1つの陽子と1つの中性子をもつ水素原子）を形成し、続いて重水素と水素が結合し、最後にこれが2つ結合して陽子を2つ放出する。

陽電子
電子の反物質で、物質の放射性崩壊で生まれることが多い。反電子ともよばれる。

【ら】

粒状斑
対流セルの上部で、熱せられた太陽プラズマが光球に到達するところ。

量子力学
物理学の一分野で、光と物質の波動、粒子の二重性などの概念を取り込み、原子より小さいレベルで事象の説明を試みる。

連星系
あまりに近くにあるために重力が相互に作用し、共通の質量中心の周りを公転している2つの星。

【わ】

矮星
半径の比較的小さい恒星。太陽に代表される主系列星と、それよりも半径の小さい星。

惑星間磁場
太陽風によって、太陽系を外側に向かって運ばれる太陽磁場。

ワルトマイヤー効果
太陽周期の強さと黒点が極小期から極大期に移行するまでにかかる時間に、反比例関係があるとする説。たとえば、より強い太陽活動の周期には、太陽活動が強くない周期に比べて、短い時間で黒点が増加するというもの。

索引

【数字・欧文】

100YSS プロジェクト ……………………… 193
30Doradus →タランチュラ星雲
4重極構造 ……………………………………… 68
^{60}Fe ……………………………………………… 35
AIA →大気画像化装置
AMS-02 →アルファ磁気分光器
AMSR →高性能マイクロ波放射計
ATP →アデノシン三リン酸
AU →天文単位
CDC →アメリカ疾病管理予防センター
CME →コロナ質量放出
CSP →集光型太陽熱発電
DARPA →アメリカ国防高等研究計画局
DNA ……………………………………… 152-153, 193
ESA →欧州宇宙機関
ESI →地球類似性インデックス
ESTELA →欧州太陽熱発電協会
FEMA →アメリカ連邦緊急事態管理庁
GPS（全地球測位システム）……………… 167, 173, 201
HARPS →高精度視線速度系外惑星探査装置
HGO ……………………………………………… 16, 200
HMI（日震磁気撮像装置）…………………… 18
IBEX ……………………………………………… 148
IEA →国際エネルギー機関
IPCC →気候変動に関する政府間パネル
MMS ……………………………………………… 200
NASA（アメリカ航空宇宙局）
　…………………………………… 13-14, 50, 87, 136, 148
NGC3603 ………………………………………… 29
OSO-7 …………………………………………… 76
P680 ……………………………………………… 94-95
PS20 タワー …………………………………… 163
PV セル（太陽電池）………………………… 158-161
RHESSI ………………………………………… 21
SDO ……………………… 13, 16, 18, 51, 60-61, 72, 178
　―黒点 ………………………………… 54, 64, 67, 68
　―コロナ質量放出 ………………………… 75
　―太陽フレア ……………………………… 73, 170
SOHO …………………………………… 21, 59, 76-77
SolO ……………………………………………… 60, 200
SORCE ………………………………………… 180
SPP（Solar Probe Plus）…………………… 127, 201
STEREO ……………………………………… 20, 76
THEMIS ……………………………………… 150
TSSM …………………………………………… 87
VLA →超大型干渉電波望遠鏡群
WMAP ………………………………………… 28
X-43A …………………………………… 43-44, 46
X クラスフレア ……………………………… 72-73
X 線 ………………………………………… 21, 70, 151
ω 星団 ………………………………………… 27

【あ】

アインシュタイン、アルバート ………… 161, 193
アインハルト ………………………………… 66
亜原子粒子 …………………………………… 194
アステカ・カレンダー（太陽の石）……… 15, 100
アタカマ天文台 ……………………………… 132
アダムス、ウィリアム ……………………… 160
アデノシン三リン酸（ATP）……………… 94, 95
アナクサゴラス ……………………………… 110
アボット、チャールズ・グリーリー ……… 180
天の川銀河 …… 27, 29, 31, 33, 38, 40, 58, 134, 191
アームストロング、ニール ………………… 193
アメリカ海軍研究所 ………………………… 76
アメリカ海洋大気庁 ……………… 173-174, 176, 181
アメリカ科学アカデミー ………… 52, 136, 156, 169
アメリカ国防高等研究計画局（DARPA）… 193
アメリカ疾病管理予防センター（CDC）… 156
アメリカ連邦緊急事態管理庁（FEMA）… 166, 168
アリスタルコス ……………………………… 82-83, 116
アリストテレス …………………… 59, 67, 113, 114
アルキメデス ……………………………… 83, 116, 162

アル＝シャーティル、イブン……………………116
アルター、デイヴィッド……………………128
アルファ磁気分光器（AMS-02）………… 26
『アルマゲスト』（プトレマイオス）…………115
硫黄………………………………32，44，93-94
イギリス王立天文学会………………… 52，76
異端審問………………………………121-123
異方性………………………………………28
インゴリ、フランチェスコ……………………120
ウィッキンス、ジョン……………………… 89
ヴェルザー、マルクス…………………… 66-67
ヴェルヌ、ジュール……………………………193
ウォラストン、ウィリアム……………………129
ウォルフ黒点相対数／ウォルフ数……………176
ウォルフ、ルドルフ……………………176-177
宇宙………………………………………… 57
　―年齢……………………………… 25，199
　―反物質………………………… 26-27，36
　―ビッグバン……………………… 14，25-27
　―物質…………………………… 26-29，44
宇宙天気………………………………173，176
宇宙の晴れ上がり………………………27-28
宇宙飛行士……………………………72，78，136
宇宙望遠鏡………………136-138，141，148
「宇宙望遠鏡の天文学的利点」（スピッツァー）………136
宇宙論…………………………………113-123
ウルバヌス8世（教皇）………………122-123
衛星……………………………160-161，173，180
エディントン、アーサー……………………… 52
エーテル……………………………………114
エネルギー（核融合をあわせて参照）…… 12，26，36，94
　―磁気リコネクション…………………50，72
　―超新星爆発………………………31-33，35
　―伝達の3つの方法……………………… 47
　―特殊相対性理論………………………193
エルステッド、ハンス・クリスティアン…………59
欧州宇宙機関（ESA）………21，87，136，200
欧州太陽熱発電協会（ESTELA）……………162
オジアンダー、アンドレアス………………120
オゾン……………………………………153，178
『オデュッセイア』（ホメロス）……………105
オプシン……………………………………90-92
オールトの雲……………………………… 40
オルドビス紀末の大量絶滅……………… 33
オルドリン、バズ……………………………193
オレーム、ニコル……………………………116
温度………………………………28，62，181
　―光球……………………………………49
　―コロナ………………………………49，51
　―彩層…………………………………48-50
　―タイタンの表面……………………… 87
　―太陽…………………………………… 50
　―中心核……………………………50，194
　―プラズマ…………………………47-48，53
音波……………………………………89，127

【か】

海王星……………………………………40，148
会合周期……………………………………55
『概要』（レティクス）………………………120
鏡………………………………………163，165
　―戦争…………………………………162
　―望遠鏡……………………126，132-138
核（地球）…………………………………144
角運動量……………………………………55-57
角膜………………………………………91-92
核融合……………………………14，183-185
　―結合のエネルギー……………………36-37
　―恒星における核融合サイクル……… 30
　―重力が核融合に打ち勝つとき……… 30
　―水素………………29-30，33，36-37，46，183-185
　―ヘリウム………………… 30，33，185，194
カシオペア座A………………………………31
可視光……………………………91，128，135，151
ガス………………………………………38，93
カステリ、ベネデット…………………… 66-67，122
火星…………………………84，86，113，148，188
カッシーニ（探査機）………………………87，148

カッシーニ、ジョヴァンニ･･････････････84, 179
カッチーニ、トマソー･･･････････････････122
カトリック教会････････････････118, 120-123
カペッラ、マルティアヌス･･････････････116
カメラ・オブスキュラ･･･････････････････67
ガリレイ、ガリレオ･･････54, 66-67, 121-123, 125-126
カルシフェジオール･････････････････154-155
『カール大帝伝』（アインハルト）･･････････66
ガン･････････････････････････151-153, 156
桿体（目）･･････････････････････････91, 92
甘徳（中国の天文学者）･･････････････････66
カンブリア爆発････････････････････････91, 96
ガンマ線･･････････････････････21, 70, 72, 151
　　―亜原子粒子の運動エネルギーとして･･････36-37
　　―バースト･･････････････････････････33
気候変動････････････････････････14, 180-181
気候変動に関する政府間パネル（IPCC）･････180-181
逆行運動･････････････････････････････115
キャリントン・イベント････････････････76, 169
キャリントン、リチャード･･････････54-55, 76, 169
極性･･･････････････････････21, 62, 64, 68-69
極地横断フライト･････････････････････175-176
ギルバート、ウィリアム････････････････59
キルヒホフ、グスタフ･･･････････････129-130
銀河････････････････････････････････11
　　―天の川銀河
　　　　27, 29, 31, 33, 38, 40, 58, 134, 191
　　―円盤状･･････････････････････････28
金星･････････････････････････113, 116, 188
近代の望遠鏡･･･････････････････････64, 132
　　―宇宙望遠鏡･･･････････････････136-138
　　―最初の巨大望遠鏡･････････････････133
　　―電波天文学･･･････････････････134-135
　　―ハッブル宇宙望遠鏡
　　　　135-138, 141, 148, 194-195
クエーサー･･････････････････････････135
クォーク･････････････････････････････36
クザーヌス、ニコウラス（枢機卿）･･････････116
『屈折光学』（ケプラー）･････････････････126

グライスベルク周期･････････････････････177
グリーゼ581g･････････････････････192-193
クレチアン、アンリ･･････････････････････132
『月世界旅行』（ヴェルヌ）･･････････････193
ケプラー（探査機）･･････････140-141, 191-192
ケプラー62惑星系･･････････････････････192
ケプラー、ヨハネス･･･････････83-84, 126, 141
原始銀河････････････････････････････28-29
原始星･････････････････････29, 35-36, 186
元素･･･････････････････････32-33, 44, 130
光害････････････････････････････････132
光球････････････････････････････46-49, 62
光合成････････････････････････････14, 93-96
光子････････････････47-48, 88-89, 94-95, 127-128
恒星周期･･････････････････････････････55
高精度視線速度系外惑星探査装置（HARPS）････192
高性能マイクロ波放射計（AMSR）･･･････180
国際宇宙ステーション････････････26, 78, 146
国際エネルギー機関（IEA）･･････････････161
国際天文学連合･･･････････････････････85
黒色矮星段階･････････････････････187, 199
黒点･･････････14, 20, 46, 49, 54, 68, 181
　　―磁気･･････････････････････････62, 64
　　―太陽周期･･････････････････････176-179
　　―発見･････････････････････････66-67, 169
古細菌･･････････････････････････････93-94, 96
コジモ2世（トスカーナ大公）･････････････122
ゴダード宇宙飛行センター･･････････････28
『国家』（プラトン）･･････････････････113
「異なる金属の燃焼によってつくり出される光の
　　性質について：プリズムにより屈折する電光」
　　（アルター）･･････････････････････128
コペルニクス革命･･････････････････118-120
コペルニクス、ニコラウス･･････････････23, 116
コリオリ力･･････････････････････････57
コロナ･････････････････････45-46, 49-51, 61, 190
コロナ質量放出（CME）
　　20-21, 144, 150, 168, 170, 176
　　―磁力････････････････････････74-78

―電子機器への影響……………………172-173
　　―電力供給網………………………………166-168
コロナホール…………………………………16, 52
『根本を確かにすることの最高の願いの書』
　　（アル＝シャーティル）………………………116

【さ】

再吸収（放出と再吸収のサイクル）………………47
歳差運動………………………………………39-40
彩層…………………………………………46, 48-50
細胞呼吸………………………………………………94
差動回転………………………………54-55, 57, 59, 78
酸素…………………30, 32, 44, 93-96, 128, 148, 178, 194
シアノバクテリア……………………………94, 96
紫外線光……………………………89, 128, 131, 151
紫外線放射………………16, 33, 70, 90, 151-153, 178
視覚の進化……………………………………90-92
磁気……………………………………………………59
　　―黒点………………………………………62, 64-67
　　―コロナ質量放出……………………………74-78
　　―磁力線………………49-50, 55, 60-62, 144, 200
　　―太陽磁場逆転………………………………68-69
　　―太陽の地震……………………………………76
　　―太陽風……………………………………69, 78
　　―太陽フレア…………………………………70, 72-73
磁気嵐……………………………………72, 76, 148, 174
磁気極性……………………………21, 62, 64, 68-69
磁気圏……72, 74, 78, 144-145, 148, 150, 166, 169, 172-173
　　―MMS……………………………………………200
　　―紫外線放射………………………………151-153
　　―磁極……………………………………………145
　　―ビタミンD………………………………154-156
磁気圏シース………………………………………144
磁気圏尾部………………………………………144-145
磁極…………………………………………………145
磁気リコネクション……………………50, 72, 75, 200
視差…………………………………………………83-84
『磁石および磁性体ならびに大磁石としての地球の生理学』
　　（ギルバート）………………………………………59

『死者の書』…………………………………………102
質量
　　―太陽……………………43, 46, 85, 184-185, 188, 190
　　―力…………………………………………………56
　　―特殊相対性理論……………………………………193
磁鉄鉱…………………………………………………59
自転
　　―角運動量…………………………………55-57
　　―恒星周期、会合周期…………………………55
　　―差動回転………………………54-55, 57, 59, 78
　　―太陽の構造…………………………………54-57
　　―太陽風……………………………………………78
　　―地球……………………………………39-40, 116-123
　　―必然の女神の紡錘……………………………113
　　―ふらつき……………………………………40, 57
　　―惑星……………………………………………116
死の星………………………………………………40-41
磁場…………………………………………………68, 74
　　―SDOと磁場の探査………………………16, 18
　　―磁力線……………49-50, 60-62, 144, 200
　　―太陽……………………………………………47, 53
刺胞動物……………………………………………90
シャイナー、クリストフ……………14, 66-67, 126
ジャンスキー、カール……………………134-135
周期
　　―黒点……………………………………………64
　　―太陽……………………………………16, 176-181
周期表………………………………………………184
集光型太陽熱発電（CSP）……………………157, 162
重力
　　…21, 28-31, 38, 40, 46-47, 57, 137, 184-185, 188
重力崩壊……………………………………………30, 33
縮退物質……………………………………………194
『種の起源』（ダーウィン）…………………………90
シュレーダー、クラウス＝ペーター………………190
シュワーベ、ハインリッヒ…………………………176
小マゼラン雲………………………………………138
ジョーンズ、コリン・ベイラー……………………41
シリコン／ケイ素………………32, 35, 44, 158-159, 161

神話……………………………………… 12, 14, 99-109
水星………………………………… 113, 116, 176, 188
彗星………………………………………… 40, 52, 127
水素……………………………… 27, 47, 93, 127-128
　—核融合…………… 29-30, 33, 36-37, 46, 183-185
　—太陽の構成要素として……………………… 44
錐体（目）…………………………………………91-92
ススルタ（インドの外科医）……………………… 59
『砂粒を数えるもの』（アルキメデス）……………116
スピッツァー、ライマン…………………………136
スフォンドラート、パオロ・エミリオ（枢機卿）……122
スペースシャトル…………………………………136
スミス、ウィロビー………………………………160
スミス、ロバート・C……………………………190
スムート、ジョージ……………………………… 28
星雲………………… 28, 32, 34, 121, 137, 186, 194-195
『星界の報告』（ガリレオ）………………………121
聖書……………………………………… 118, 120-122
青方偏移……………………………………………131
セーガン、カール……………………………32, 135
赤外線…………………… 29, 89, 128, 131, 135, 151
赤色巨星段階………………………………………187
　—100億歳から110億歳……………………… 188
　—ケプラー62惑星系……………………………192
　—太陽に飲み込まれる地球…………… 188, 190
　—太陽の膨張…………………… 185, 189, 190
　—地球脱出………………………………191-193
　—ヘリウム核融合………………………………185
赤色矮星……………………………… 39-41, 191-193
赤方偏移……………………………………………131
セラリウス、アンドレアス………………………119
セラリウス、ニコラウス…………………………120
セレン………………………………………… 160-161
「セレンに電流が流れているときに光が及ぼす効果」
　（スミス、ウィロビー）………………………160
先カンブリア時代………………………………… 96
戦争と鏡……………………………………………162

【た】
『大宇宙の調和』（セラリウス、アンドレアス）………119
大気画像化装置（AIA）………………… 16, 18, 69
大酸化イベント…………………………………… 96
大マゼラン雲……………………………………… 34
太陽
　—質量………………… 43, 46, 85, 184-185, 188, 190
　—太陽中心説………………………………116-123
　—地球からの距離………………………… 11, 82-87
　—地球との関係……… 21, 81, 93-96, 188, 190, 203
　—年齢……………………………………12, 186-187
　—モデル……………………………………113-116
太陽嵐…………………… 64, 150, 166-169, 172-176
　—停電………………………… 166-169, 172-174
太陽エネルギー…………………………………… 11
　—利用…………………………………… 14, 157-165
太陽極小期…………………………………64, 177-180
太陽極大期…………………………………64, 177-178
太陽系外惑星……………………………… 141, 191-193
太陽圏（太陽風と）………………………… 53, 200
太陽光発電………………………………………157-161
太陽磁場逆転………………………………………68-69
太陽周期…………………………………………176-181
太陽崇拝………………………………………… 12, 99
　—アステカ族：ウィツィロポチトリ…………100
　—アステカ族：トナティウ………………15, 100
　—イヌイット神話：マリナ……………………104
　—イラン神話：ミスラ…………………………107
　—インカ神話：インティ………………………104
　—インド神話：スーリヤ………………………103
　—エジプト神話：ラー…………………………102
　—ギリシャ神話：ヘリオスとアポロン……12, 105
　—ケルト神話：ルー……………………………101
　—中国神話：羲和と10の太陽…………………103
　—ナバホ族神話：ツォハノアイ………………107
　—日本神話：天照大神…………………………106
　—フォン神話：リサ……………………………101
　—北欧神話：フレイ……………………………108
　—ポリネシア神話：ラー………………………108

―メソポタミア神話：シャマシュ……………109
太陽中心説……………………………………116
　　―ガリレオ…………………………121-123
　　―コペルニクス革命………………118-120
　　―マラーガ革命……………………116-117
太陽の威力
　　―太陽エネルギーの利用…………157-165
　　―太陽周期…………………………176-181
　　―地球の磁気圏……………………144-156
　　―電力系統…………………………166-176
太陽の兄弟………………………………14, 38-41
太陽の構造……………………………………43
　　―自転………………………………54-57
　　―太陽の磁気………………………59-78
　　―太陽風……………………………52-53
　　―太陽をつくる層…………………44-51
「太陽の黒点に関するマルクス・ヴェルザーへの
　3通の手紙」（シャイナー）…………………66
太陽の地震……………………………………76
太陽の誕生
　　―^{60}Fe論争………………………………35
　　―核融合……………………………36-37
　　―原始銀河…………………………28-29
　　―重力が核融合に打ち勝つ………………30
　　―超新星爆発………………………31-35
　　―長らく音信不通の太陽の兄弟……14, 38-41
　　―ビッグバン………………………14, 25-27
太陽の未来
　　―核融合…………………………183-185
　　―黒色矮星…………………………187, 199
　　―赤色巨星段階…………………185-193
　　―太陽観測………………………200-201
　　―燃料切れ………………………184-185
　　―白色矮星…………………………187, 194-195
太陽風……………………………16, 21, 143-150, 200-201
　　―磁性………………………………69, 78
　　―太陽の構造………………………52-53
太陽フレア
　　―RHESSI……………………………21
　　―SDO画像………………18, 64, 73, 170
　　―中規模……………………………13
　　―プラズマ……………………12, 60, 65, 70
　　―分類………………………………72-73
太陽炉…………………………………………165
太陽をつくる層………………………………44
　　―エネルギー伝達の3つの方法……………47
　　―温度の変動………………………46-50
　　―光球………………………………46-48, 62
　　―コロナ……………………45-46, 49-51, 190
　　―彩層………………………………46, 48-50
　　―対流層……………………………46-47, 59
　　―中心核……………………46-47, 50, 183-185, 194
　　―放射層……………………………46-47, 59
対流層……………………………………46-47, 59
ダーウィン、チャールズ………………………90
ダ・ヴィンチ、レオナルド……………………92
タコクライン……………………46-47, 57, 59-60
タランチュラ星雲（30 Doradus）……………34
タレス（小アジア出身のギリシャの哲学者）……59
タワー型太陽熱発電……………………157, 163
炭素………………………30, 33, 44, 93, 128, 194
地球
　　―回転軸の揺れ……………………………40
　　―カンブリア爆発…………………91, 96
　　―磁気圏
　　　……33, 72, 74, 78, 144-156, 166, 169, 173, 200
　　―自転………………………39-40, 113-123
　　―先カンブリア時代………………………96
　　―太陽からの距離…………………11, 82-87
　　―太陽との関係……21, 81, 93-96, 188, 190, 203
　　―脱出の必要性……………………191-193
　　―年齢………………………………96, 186
　　―ハビタブルゾーン………………86-87, 190-193
地球外生命体……………………………86-87, 135
地球中心説…………………………………113-115
地球類似性インデックス（ESI）……………192-193
窒素………………………………44, 93, 128, 148
チャンドラX線観測衛星……………………138, 195

索引　219

中心核（太陽）・・・・・・46-47, 50, 183-185, 194
超大型干渉電波望遠鏡群・・・・・・134-135
超新星
　—⁶⁰Fe論争・・・・・・35
　—元素合成・・・・・・32-33
　—重力崩壊・・・・・・30, 33
　—白色矮星・・・・・・194
月・・・・・・36, 82-83, 88, 113, 133
　—上陸・・・・・・193
　—神話に登場する・・・・・・100-101, 104-105
ディッグス、トーマス・・・・・・124-125
ディッグス、レオナード・・・・・・124-125
デイ、リチャード・・・・・・160
テオプラストス・・・・・・66
デカルト、ルネ・・・・・・89
デロンクル、フランソワ・・・・・・133
電子・・・・・・27, 36-37, 44, 53, 128, 148, 158
電子機器・・・・・・14, 172-173, 201, 203
電子伝達系・・・・・・94-95
電磁放射・・・・・・21, 70, 89, 128, 136
『天体の回転について』（コペルニクス）・・・・・・118, 120
天王星・・・・・・40, 148
電波・・・・・・72
電波天文学・・・・・・134-135
『天文対話』（ガリレオ）・・・・・・122-123
天文単位（AU）・・・・・・85
電離圏／電離層・・・・・・144, 150, 172, 176, 178
電力供給網・・・・・・166
　—キャリントン・イベント・・・・・・169
　—極地横断フライト・・・・・・175-176
　—ケベック州大停電・・・・・・174
　—現代の電子機器・・・・・・172-173
　—コロナ質量放出・・・・・・166, 168, 170
　—変圧器の脆弱性・・・・・・167-168
トゥースィー、ナスィールッディーン・・・・・・116-117
特異変光星 V838Mon・・・・・・138
特殊相対性理論・・・・・・193
土星・・・・・・40, 87, 113, 148
土星の衛星・・・・・・87

ドップラー、クリスチャン・・・・・・127, 131
ドナ、レオナルド・・・・・・125
トレミーの周転円・・・・・・115

【な】
波
　—光・・・・・・89, 127
　—マイクロ波・・・・・・28, 180
　—電波・・・・・・72, 134-135
　—音波・・・・・・89, 127
南極光・・・・・・148
日食・・・・・・48, 51, 67, 104
ニュートリノ・・・・・・27, 36-37, 53
ニュートン、アイザック・・・・・・40, 89, 126, 132
『ニュルンベルク年代記』（シェーデル）・・・・・・116
『熱帯諸国における代替燃料』（アダムスとデイ）・・・・・・160
ネメシス・・・・・・40-41
年齢
　—宇宙・・・・・・25, 199
　—太陽・・・・・・12, 186-187
　—地球・・・・・・96, 186

【は】
パウルス5世（教皇）・・・・・・122
パーカー、ユージーン・・・・・・52
ハギンズ、ウィリアム・・・・・・128
ハギンズ、マーガレット・・・・・・128
白色矮星・・・・・・30, 187, 194-195, 199
波長・・・・・・28, 70, 89, 91, 128, 131, 135, 151-152, 158
発色団・・・・・・91
ハッブル宇宙望遠鏡
　・・・・・・135-138, 141, 148, 194-195, 199
ハビタブルゾーン・・・・・・86-87, 190-193
バーマン、エリオット・・・・・・161
バーマン、ボブ・・・・・・156, 181
ハリオット、トーマス・・・・・・66-67
パリ天文台・・・・・・133
バルカン・・・・・・176
パルサー・・・・・・32, 135

バン・アレン放射線帯……………………144-145
ハンムラビ（バビロニア王）……………………109
『パントメトリア』（ディッグス、トーマス）…………124
反物質……………………………………26-27，36
万有引力定数…………………………………85
光………………………27-28，51，88，132
　―可視光………………91，128，135，151
　―光球…………………………………46-49
　―紫外線（UV）………………128，151
　―視覚……………………………………90-92
　―赤外線……………………128，151
　―太陽エネルギーの利用……………157-165
　―波……………………………………89，127
　―分光法……………………………127-131
ピカール、ジャン……………………………179
ビタミンD…………………………………154-156
ビッグバン…………………………14，25-27
必然の女神の紡錘………………………………113
皮膚ガン……………………………………152-153
氷河期………………………………68，179-180
ビルケランド、クリスチャン………………150
ピロラオス……………………………………116
ファブリツィウス、ダーヴィト………………67
ファブリツィウス、ヨハネス……………66-67
物質
　―宇宙…………………………………26-29，44
　―縮退物質……………………………………194
　―反物質………………………………26-27，36
プトレマイオス、クラウディオス（トレミー）………83
プトレマイオスモデル（地動説）………115-116，118
『不滅の予言』（ディッグス、レオナード）……………124
フライト（極地横断）…………………175-176
フラウンホーファー、ヨゼフ・フォン………129-131
プラズマ……………………44-45，51，59，61，194
　―温度……………………………47-48，53
　―磁場……………………………………68
　―太陽フレア…………………12，60，65，70
ふらつき………………………………………40，57
ブラックホール…………………………33，135

プラトン…………………………………………113
プランク、マックス…………………………89
フリッツ、チャールズ…………………………161
分光法………………………38，127-131，192
ブンゼン、ローベルト…………………129-130
分点（の歳差）………………………………39-40
ベクレル、アレクサンドル＝エドモン………160
ベーコン、ロジャー……………………………67
ヘヴェリウス、ヨハネス…………………179
ヘリウム……………………36-37，44，47，127-128
　―核融合………………30，33，46，185，194
　―太陽中心核…………………………183-185
変圧器（脆弱性）………………………167-168
ホイートストン、チャールズ…………………128
ホイヘンス、クリスティアーン………………84
望遠鏡………………………14，66-67，121
　―空気望遠鏡…………………………………84
　―発明……………………………83，124-126
放射
　―UVA……………………………………153
　―UVB…………………………153-155，178
　―黒点……………………………………64
　―紫外線（UV）……16，33，70，90，151-153，178
　―太陽フレア………………………………70-72
　―電磁放射………………21，70，89，128，135-136
　―バン・アレン放射線帯……………144-145
　―放射層…………………………46-47，59
放射性同位体………………………………33，35
ホーキング、スティーヴン…………………191
墨子（中国の思想家）……………………67
ボスカリア、コジモ…………………………122
北極光………………………………146，148
ホメロス…………………………………105

【ま】

マイクロ波………………………………28，180
マウナケア天文台…………………………132
マウンダー、アニー…………………………179
マウンダー、エドワード…………………179

マウンダー極小期　　　68, 177, 179-180
マザー、ジョン　　　28
マックス・プランク天文学研究所　　　41
マラーガ革命　　　116-117
ミニ氷河期　　　68, 179-180
冥王星　　　190
メティウス、ヤコブ　　　124
メランヒトン、フィリップ　　　120
木星　　　40, 57, 113, 121, 148

【や】

ゆがみ（電磁放射と）　　　136
ゆらぎ　　　28
陽子－陽子連鎖反応　　　36-37
陽電子　　　36-37

【ら】

ラグランジュポイント L_1　　　21
力学の法則　　　55-56
リッチー、ジョージ・ウィリス　　　132
リッペルスハイ、ハンス　　　124
粒子理論（光）　　　89
量子力学　　　89
ルイス、ギルバート　　　89
ルクレティウス・カルス、ティトゥス　　　89
ルター、マルティン　　　120
ル・モルヴァン、シャルル　　　133
冷戦　　　175
レティクス、ゲオルク　　　120
レーバー、グロート　　　134
レンズ　　　84, 124-127, 129, 132-133, 162
連星系　　　38-40
ロスコー、ヘンリー　　　130
ロリーニ、ニッコロ　　　122
ロールズ、アレック　　　181

【わ】

惑星　　　57, 114-116, 190-193
　―系外惑星　　　141, 191-193
ワルトマイヤー効果　　　177

Photo Credits

Front cover: NASA/SDO

Back cover: Paul Wootton/Science Photo Library (SDO spacecraft); NASA/SDO (Sun)

Title page: NASA, ESA, and J. Maiz Apellániz (Instituto de Astrofi sica de Andalucia, Spain)

pp. 10–11, 18, 19, 61T, 70–71, 72B, 74, 170T/B: NASA/SDO/GSFC

pp. 7, 9, 12, 13, 42–43, 49, 51, 52, 60T/B, 61B, 62, 64B, 65T/B, 67L, 69, 72T, 73, 75, 80–81, 98–99, 112–113, 151, 157, 172 (Sun, SDO), 176, 178, 182–183, 202–203, 204: NASA/SDO

p. 14, 83B, 114, 116, 123, 124T, 125, 129, 130T, 130B, 134T: Universal Images Group/Getty Images

p. 15T: Leemage/UIG via Getty Images

p. 15B, 32BG, 37BG, 56, 57, 59, 66, 67R, 82, 83T, 88L/R, 89, 90, 91BG, 92 (eye), 93, 95 (chloroplast), 96, 97, 100T, 102, 107B, 121, 128 (prism), 129BG, 131 (telescope), 132, 134B, 149, 152, 153T/B, 154, 156, 158, 159BG, 159 (bulb), 162T/B, 163, 166, 168, 172 (satellites, plane, power plant and towers, car, laptop, Earth), 175 (globe), 185BG, 186 (nebula), 190, endpaper: Thinkstock

p. 16: NASA/GSFC Conceptual Image Lab

pp. 17, 22–23, 24–25: NASA/SDO/AIA

p. 20T: NASA/STEREO

pp. 20B, 26, 50, 110–111, 146–147, 150, 160, 180, 193B: NASA

pp. 21, 45, 46, 76, 77, 79, 144, 170–171: SOHO (ESA & NASA)

p. 27: NASA, ESA, and the Hubble SM4 ERO Team

p. 28: ESA and the Planck Collaboration

p. 29: NASA, ESA, and the Hubble Heritage Team

p. 30: NASA/CXC/Rutgers/J. Warren et al. (X-ray), NASA/STScI/U Ill/Y Chu (optical), ATCA/U ILL/J. Dickel et al. (radio)

p. 31: NASA/JPL-Caltech/STScI/CXC/SAO

p. 32: NASA, ESA, J. Hester, A. Loll (ASU)

p. 33: NASA/Skyworks Digital

p. 34: NASA/CXC/PSU/L. Townsley et al. (X-ray, infrared), NASA/STScI (optical)

p. 35: NASA/CXC/M. Weiss

p. 38: NASA/JPL-Caltech/Univ. of Michigan

pp. 39, 58, 196–197: NASA/JPL-Caltech

p. 40: NASA/GSFC/Robert Simmon

p. 48T: Hinode JAXA/NASA/PPARC

pp. 48B, 64T: Hinode JAXA/NASA

pp. 54T, 84, 92, 122, 169: SSPL via Getty Images

p. 54B: NASA/SDO/HMI

pp. 62–63: NASA/TRACE via Astronomy Picture of the Day

p. 68: NASA/GSFC

p. 86: NASA/Image created by Reto Stockli with the help of Alan Nelson, under the leadership of Fritz Hasler

p. 87: NASA/JPL/University of Arizona

pp. 100B, 161: National Geographic/Getty Images

p. 101T: Werner Forman/UIG via Getty Images

p. 101B: Lugh's Enclosure, illustration from the book Celtic Myth and Legend, Poetry and Romance by Charles Squire, published in 1905 (color litho), after Ernest Wallcousins (1883–1976)/Private Collection/Ken Welsh/The Bridgeman Art Library

p. 103: Annie Owen/Getty Images

p. 104: Michael Langford/Getty Images

p. 105: DEA/A. Dagli Orti/Getty Images

p. 106: Uzuma awakens the curiosity of Ama-terasu, illustration from The Myths and Legends of Japan by F. Hadland Davis, 1918 (color litho), Evelyn Paul (1870–1954)/Private Collection/The Stapleton Collection/The Bridgeman Art Library

pp. 107T, 108T, 109: De Agostini/Getty Images

p. 108B: Oliver Frey/The Bridgeman Art Library/Getty Images

pp. 117, 118–119: British Library/Robana via Getty Images

p. 120: UIG via Getty Images

p. 124B: Jay M. Pasachoff/Getty Images

p. 126T: Gianni Tortoli/Getty Images

p. 126B: Telescope belonging to Sir Isaac Newton (1642–1727) 1671, English School/Royal Society, London, UK/The Bridgeman Art Library

pp. 127, 179: Hulton Archive/Getty Images

p. 133: French School/The Bridgeman Art Library/Getty Images

p. 135: NASA, ESA, S. Baum and C. O'Dea (RIT), R. Perley and W. Cotton (NRAO/AUI/NSF), and the Hubble Heritage Team (STScI/AURA)

pp. 136T/B: NASA/STScI

p. 137: NASA/ESA/M. Livio and the Hubble 20th Anniversary Team (STScI)

p. 138: NASA and the Hubble Heritage Team (AURA/STScI)

p. 139: NASA, ESA, CXC, and the University of Potsdam, JPL-Caltech, and STScI

pp. 140–141: NASA/Kepler Mission/Wendy Stenzel

pp. 142–143: NASA/SDO/AIA/S. Weissinger

p. 145: NASA/Johns Hopkins University Applied Physics Laboratory

p. 148: NASA/JPL/University of Arizona

pp. 164–165: H. Zell, Wikimedia Commons

p. 173: Jonathan Fickies/Getty Images

p. 174L/R: NASA/Earth Observatory/Courtesy Chris Elvidge, U.S. Air Force

p. 181: Dan Pisut/NOAA Environmental Visualization Lab/Adapted from the 11/2012 Global Climate Report from NOAA's National Climatic Data Center (NCDC)

p. 184: NASA/JAXA

p. 191: NASA/Kepler Mission

p. 192: NASA Ames/JPL-Caltech

p. 193T: NASA/Lynette Cook

p. 194: NASA, W. Sparks (STScI) and R. Sahai (JPL)

p. 195: NASA/CXC/SAO (X-ray), NASA/STScI (optical)

pp. 198–199: NASA, ESA, and H. Richer (University of British Columbia)

p. 200: NASA/Southwest Research Institute

p. 201: NASA/MSFC/Janet Salverson

[著者]
クリストファー・クーパー

バーモント法科大学院エネルギー環境研究所シニアフェロー。マイアミ大学でコミュニケーションの学位、バーモント法科大学院でエネルギー法のJD（法学博士号）を取得。専門はエネルギーに関する法律と政策。2005年、ニューヨークを拠点に、アメリカのエネルギー政策を刷新し消費者の選択肢を広げることを目的としたNPO「Network for New Energy Choices（新エネルギー選択肢ネットワーク）」を設立。太陽エネルギーと太陽活動の電力系統への影響について、*Energy Policy* や *The Electricity Journal* などの学術誌や業界誌に幅広く論文を発表している。

[日本語版監修者]
柴田一成（しばた　かずなり）

京都大学大学院理学研究科附属天文台長・教授、京都大学宇宙総合学研究ユニット副ユニット長（兼任）。理学博士。1954年生まれ。京都大学大学院理学研究科博士課程中退。愛知教育大学助手、同助教授、国立天文台助教授を経て現職。主な著書に、『太陽の科学 磁場から宇宙の謎に迫る』（2010年、NHKブックス、第26回講談社科学出版賞）、『最新画像で見る 太陽』（共著、2011年、ナノオプトニクス・エナジー出版局）、『太陽 大異変 スーパーフレアが地球を襲う日』（2013年、朝日新書）など。

太陽大図鑑

2015年11月1日　第1刷発行 ©

著　者	クリストファー・クーパー
日本語版監修者	柴田一成
翻訳者	田村明子
発行者	森田　猛
発行所	株式会社 緑書房 〒103-0004 東京都中央区東日本橋2丁目8番3号 TEL 03-6833-0560 http://www.pet-honpo.com
編　集	森田浩平、田上香織
カバーデザイン	メルシング
組　版	ライラック

ISBN 978-4-89531-222-6　Printed in China
落丁・乱丁本は弊社送料負担にてお取り替えいたします。

本書の複写にかかる複製、上映、譲渡、公衆送信（送信可能化を含む）の各権利は株式会社緑書房が管理の委託を受けています。
JCOPY 〈（一社）出版者著作権管理機構 委託出版物〉
本書を無断で複写複製（電子化を含む）することは、著作権法上での例外を除き、禁じられています。
本書を複写される場合は、そのつど事前に、（一社）出版者著作権管理機構（電話 03-3513-6969、FAX 03-3513-6979、e-mail : info@jcopy.or.jp）の許諾を得てください。
また本書を代行業者等の第三者に依頼してスキャンやデジタル化することは、たとえ個人や家庭内の利用であっても一切認められておりません。